MENTAL-TRAINING

하루 한 권, 멘탈 트레이닝

고다마 미쓰오 지음   정이든 옮김

좌절하지 않기 위한 정신력과 사고 패턴

고다마 미쓰오(児玉光雄)

1947년 일본 효고현에서 태어났다. 교토대학 공학부를 졸업하고 UCLA 대학원에서 공학 석사를 취득했다. 미국 올림픽 위원회 스포츠 과학 부문의 객원 연구원으로 올림픽 선수의 데이터 분석을 담당했다. 전문 분야는 임상 스포츠 심리학, 체육 방법학이며, 스포츠 심리상담사로도 활동하고 있다. 각 종목의 스포츠 챔피언과 성공한 사업가를 다방면으로 분석해 비즈니스 능력개발을 추진하고 있다. 우뇌와 기억력 사이의 연관성을 꾸준히 연구하며, 일본의 전통 1인극인 라쿠고(落語)를 50편 이상 암기했다.

주요 저서로는 『マンガでわかる記憶力の鍛え方 공부 잘하는 기억력의 비밀』, 『スポーツ科学から見たトップアスリートの強さの秘密 스포츠 과학으로 분석한 세계 최고 선수의 비밀』, 『上達の技術 하루 한 권, 실력 향상의 길』, 『逆境を突破する技術 하루 한 권, 이겨내는 기술』〈サイエンス・アイ新書〉, 『イチロー思考 이치로 사고』, 『イチロー頭脳 이치로의 두뇌』〈東邦出版〉 등이 있다.

일러두기

본 도서는 2013년 일본에서 출간된 고다마 미쓰오의 『マンガでわかるメンタルトレーニング』를 번역해 출간한 도서입니다. 내용 중 일부 한국 상황에 맞지 않는 것은 최대한 바꾸어 옮겼으나, 불가피한 경우 일본의 예시를 그대로 사용했습니다.

들어가며

수많은 선수들은 기량 향상을 위해 오늘도 구슬땀을 흘린다. 하지만 안타깝게도 기술과 체력을 단련하는 데만 몰두한 나머지 심리적 훈련은 소홀한 것이 현실이다. 훈련하는 방법을 모른다거나 주변에 전문 상담사가 없다는 이유에서다. 이 책은 어쩌면 당신이 최고의 선수로 성장할 수 있는 기회를 열어줄 것이다.

오래전에 내가 교수로 재직하던 가노야체육대학의 학생들을 대상으로 설문조사를 한 적이 있다. 당시에 준비했던 질문은 두 가지였다. 첫 번째로 "현재 당신에게 가장 필요한 훈련은 무엇입니까?"라는 질문에 60%의 학생이 멘탈 트레이닝이라고 답했다. 다음으로 "그럼 전체 훈련 시간 중 멘탈 트레이닝이 차지하는 비중은 어느 정도입니까?"라고 묻자, 4%에 불과하다는 대답이 돌아왔다. 이처럼 일본은 아직 멘탈 트레이닝에 대한 인식이 부족한 상황이다. 물론 멘탈 트레이닝 프로그램이 완벽하게 갖춰졌다고도 할 수 없다.

미국의 3대 프로 스포츠인 야구(MLB), 아메리칸 풋볼(NFL), 농구(NBA)의 경우는 대부분의 팀에 전문 상담사가 상주하며 슬럼프에 빠진 선수를 관리한다. 그럼, 일본은 어떨까? 일본에는 전담 멘탈 트레이너를 보유한 프로 야구팀이 거의 없다시피 하다. 상황이 이렇다 보니 선수가 슬럼프에 빠졌을 때, 코치는 슬럼프의 원인을 기술적인 문제로 치부해 버린다. 실제로 부진을 겪는 선수 중 십중팔구는 코치에게 타격이나 투구 자세를 교정받는다. 이런 현실 속에서 심리적 문제는 거의 거론되지 않는다.

하지만 잘 생각해보면, 오랜 연습을 통해 완성한 기술이 한순간에 바뀔 리가 없다. 특정 기술을 꾸준히 사용해 온 선수 입장에서는 새로운 기술 향상을 이루는 게 쉽지 않을 것이다. 이에 비해 주요 멘탈 트레이닝 기술인 긍정적 사고는 마음만 먹는다면 당장 시작할 수 있다. 이 책을 계기로 모든 선수가 멘탈 트레이닝의 중요성을 인식하여 심리기술 향상을 위해 노력하길 바란다. 이 책에는 스포츠뿐만 아니라 비즈니스 향상에 도움이 될 심리기술 메뉴도 소개해 두었다. 하루에 15~20분이라도 좋으니 오늘부터 멘탈 트레이닝에 시간을 투자해보자. 장담컨대 당신의 라이벌을 물리칠 수 있을 것이다.

고다마 미쓰오

목차

멘탈 트레이닝이
빠른 실력 향상을 가능케 한다

우리는 종종 성적 부진의 원인을 기술적인 문제로 치부하는 경향이 있다. 하지만 중요한 것은 마음으로, 심리기술을 습득하지 못한 것이 문제이다. 이런 점을 고려해 처음에는 심리기술을 습득하기 위한 훈련이 무엇인지부터 알아보자.

자신이 지닌 잠재 능력을
최대한 발휘하자

지난 20여 년 동안 스포츠 심리상담사로서 수많은 유명 운동선수, 지금 몸담고 있는 대학의 학생들을 상담해 왔지만, 일본은 아직도 멘탈 트레이닝에 대한 인식이 부족한 실정이다.

미국만 해도 MLB(야구), NFL(미식축구), NBA(농구) 같은 프로 스포츠는 모든 팀이 전속 멘탈 트레이너를 두고 소속 선수가 슬럼프를 극복할 수 있도록 돕는다.

반면에 일본은 타격 자세를 바꾸면 슬럼프가 해결된다는 코치의 단순한 판단에 따라 슬럼프를 기술적인 문제로 취급한다. 하지만 원인의 대부분은 심리적인 문제로, 심리기술을 습득해 근본적인 문제를 해결한다면 선수는 완벽하게 슬럼프에서 빠져나올 수 있다.

나아가 선수 개개인이 멘탈 트레이닝을 활용하여 본인의 잠재력을 끌어내고자 노력한다면, 더 큰 능력을 발휘할 수 있을 것이다.

하지만 선수들은 대부분 본인의 잠재력을 과소평가한다. 너무도 안타까운 일이다. 멘탈 트레이닝은 절대 힘든 훈련이 아니다. 각자가 타고난 잠재력을 최대한 발휘 할 수 있는 기술을 습득하는 것이다.

이 책에는 내가 개발한 여러 자가 진단지가 실려 있다. 실제로 미국 스포츠계는 본인의 의식이나 고민을 머릿속에만 담아두는 것이 아니라, 직접 손으로 적어 보는 행동 자체를 멘탈 트레이닝이라 여긴다.

비즈니스 현장에서도 멘탈 트레이닝을 활용할 수 있다

내가 개발한 여러 진단지를 활용하여 좋은 성적을 거둔 선수들이 이미 나오고 있다.

이 책의 주요 독자는 스포츠 선수지만, 비즈니스 종사자를 위해 영업, 프레젠테이션에 성공할 수 있는 노하우도 함께 담았다. 어떤 면에선 스포츠보다 비즈니스 현장이 훨씬 냉혹할 수 있다. 그만큼 비즈니스 현장에서는 스포츠현장 보다 더 강인한 정신력이 필요하다.

스포츠의 세계에선 설령 경기에 지더라도 심기일전하여 다음 경기에서 이기면 된다. 하지만 비즈니스의 경우는 큰 계약을 반드시 성사시켜야만 하는 상황일 수도 있고, 프랜차이즈 신규 매장이라면 적자만큼은 반드시 피해야 한다. 이처럼 비즈니스 현장에서는 실패를 용납하지 않는 치열한 승부가 펼쳐지고 있다.

심각한 경우엔 계속되는 계약 불발로 상사에게 심한 질책을 듣고서 몸에 이상이 생기거나 우울증에 빠지는 사람도 적지 않다. 결국 비즈니스의 세계에서 확실한 성과를 올리고 굳건하게 살아남으려면 세계 챔피언만큼 강인한 정신력을 갖춰야 한다.

이 책은 흔들림 없는 강한 정신력을 키우고자 하는 비즈니스 종사자에게도 유용한 내용으로 구성했다. 부디 이 책을 활용하여 최고의 사업가로 성장할 수 있길 바란다.

현재 정신력 수준을 확인해보자

이제 당신의 정신력 수준을 측정해 보려 한다. 여기서 사용할 진단지는 세이센(聖泉) 대학의 도요타 카즈시게(豊田一成) 교수가 개발한 것으로, 유명 야구 선수인 스즈키 이치로(鈴木一朗) 선수도 고교 시절에 작성해 본 적이 있다고 한다.

우선 표1에 적힌 17개의 질문에 솔직하게 답한 후, 16페이지에 있는 평가를 보고 본인의 현재 정신력 수준을 파악한다.

만일 점수가 평균 이하라면, 각 장에서 제시하는 구체적인 훈련법을 매일 정확히 실행하여 점수를 꾸준히 올릴 수 있다.

반대로 이미 높은 수준의 정신력을 보유했다면, 여기에 만족하지 않고 더 높은 점수에 도전하여 당신의 미래를 더 밝게 바꿀 수 있다.

심리기술은 다른 영역에도 영향을 미친다. 예를 들어, 아무리 심리기술 훈련에 힘을 쏟아도 정작 중요한 신체 훈련을 힘들다는 이유로 소홀히 한다면, 당신은 결코 일류 선수 반열에는 오를 수 없을 것이다.

하지만 고된 훈련을 견뎌내는 강한 정신력을 키워주는 것 또한 심리기술이다. 스포츠 현장뿐만 아니라 비즈니스 현장에서도 같은 재능을 타고났다면 심리기술을 잘 활용하는 사람이 성과를 올리는 시대로 변하고 있다.

의지와 인내심을 등한시해선 안 된다. 결국에는 스포츠 분야뿐 아니라 비즈니스 분야에서도 강한 정신력의 소유자가 성공하는 법이다.

표1 정신력 수준 체크 리스트

		◀── 네 ───	─── 아니오 ▶
1	목표를 이루려는 도전 정신이 왕성하다.	10 9 8 7 6 5 4 3 2 1	
2	기술 향상에 대한 의욕이 강하다	10 9 8 7 6 5 4 3 2 1	
3	어떤 어려움도 극복할 수 있다.	10 9 8 7 6 5 4 3 2 1	
4	승부 근성이 강하다.	10 9 8 7 6 5 4 3 2 1	
5	실패에 대한 불안이 있다.	1 2 3 4 5 6 7 8 9 10	
6	긴장에 대한 불안이 있다.	1 2 3 4 5 6 7 8 9 10	
7	매사를 냉정하게 판단한다.	10 9 8 7 6 5 4 3 2 1	
8	정신력이 강하다.	1 2 3 4 5 6 7 8 9 10	
9	코치의 의견을 그대로 수용한다.	10 9 8 7 6 5 4 3 2 1	
10	코치에 적응하기가 어렵다.	1 2 3 4 5 6 7 8 9 10	
11	온몸에 항상 투지가 흘러넘친다.	10 9 8 7 6 5 4 3 2 1	
12	경기와 관련된 지식에 관심이 많다.	10 9 8 7 6 5 4 3 2 1	
13	몸에 무리가 가지 않도록 항상 절제한다.	10 9 8 7 6 5 4 3 2 1	
14	연습 의욕이 높다.	10 9 8 7 6 5 4 3 2 1	
15	경기를 바라보는 관점이 확고하다.	10 9 8 7 6 5 4 3 2 1	
16	매사에 누구보다 계획적이다.	10 9 8 7 6 5 4 3 2 1	
17	노력에 따른 성과에 민감하다.	10 9 8 7 6 5 4 3 2 1	

※트레이닝 전은 △, 트레이닝 후는 ○로 표시하여 각각 채점한다.

정신력 수준 점수표

140점 이상	당신의 정신력은 최고 수준입니다.
120~139점	당신의 정신력은 매우 뛰어납니다.
100~119점	당신의 정신력은 평균 수준입니다.
80~99점	당신의 정신력은 다소 약합니다.
79점 이하	당신의 정신력은 매우 약합니다.

제1장

목표설정 이론을 이해하자

멘탈 트레이닝을 시작하려면 우선 명확한 목표설정부터 해야 한다. 이때 목표는 적정수준이어야 하고, 비전과 목표를 혼동해선 안 된다. 이번 장에서는 구체적으로 목표를 설정하는 방법에 관해 설명한다.

목표 없는 노력은 레이더 없는 비행기를 조종하는 것

당신이 만약 꿈을 실현하고 싶다면, 행동에 나서기 전에 명확한 목표를 세워야 한다. 목표설정은 멘탈 트레이닝에서 다루는 중요한 심리기법이다. 당신이 아무리 훌륭한 재능을 타고났어도 목표 없이 노력만 한다면 결코 좋은 성과를 얻을 수 없다.

운동선수 중에는 멘탈 트레이닝을 중시하는 선수와 그렇지 않은 선수가 있다. 운동에 쏟는 노력은 서로 비슷하지만, 안타깝게도 효과는 전혀 다르게 나타난다.

목표설정을 하지 않은 선수는 내비게이션 없이 처음 와보는 장소에서 헤매는 운전자와 같다. 눈물겨운 노력에도 불구하고 오히려 목적지와 점점 멀어지기도 한다.

목표란, 꿈을 이루는 여정에 세워진 이정표이다. 자신이 어느 지점까지 왔는지를 정확하게 알려주는 내비게이션의 역할을 하는 것이다. 목표는 주로 2가지 요소로 구성된다. 하나는 목표기록이나 목표점수와 같은 기록이고, 또 하나는 목표를 이룰 달성 기한이다.

나는 목표를 두 가지로 분류하여 유인 목표와 압박 목표라고 부른다. 만일 유인 목표인 목표기록과 목표 점수만 설정한 채 압박 목표인 달성 기한을 설정하지 않는다면 동기부여는 되지 않는다.

동기부여를 위해서는 '나는 육상 100m에서 10초 50을 기록하겠다.'라는 목표보다는 '나는 올해 12월 말까지 육상 100m에서 10초 50을 기록하겠다.'라고 구체적으로 매일 연습일지에 적는 것이 좋다.

목표 달성 확률을 높이려면 매일 똑같은 내용의 문장을 적는 것이 중요하다. 손으로 목표를 적는 습관이 생기면, 목표를 달성하고 싶다는 의욕이 점차 강해진다.

이 사소한 습관이 지닌 힘을 얕봐서는 안 된다. 매일 같은 목표를 손으로 적어 보는 습관을 들이면 연습 의욕을 상승시키는 효과가 있다. 여기에 본인만의 아이디어나 독창성을 더한다면, 더욱 내실 있는 연습 메뉴를 만들 수 있다.

아래에 적힌 내용은 목표 달성 확률을 상승시킬 구체적인 방법이다.

1. 연습일지에 매일 손으로 목표를 직접 적는다.
2. 커다란 종이에 목표를 크게 적어서 자기 방 책상 앞에 붙여두고 밤낮으로 소리 내어 읽는다.
3. 녹음기에 목표 메시지를 직접 녹음하여 틈날 때마다 듣는다.

위의 내용을 실행해보고, 자신의 목표를 수시로 뇌에 입력시킬만한 방법을 생각해보자. 시도만으로도 동기부여가 되어 연습에 임하는 마음가짐도 달라진다. 이런 방법은 당연히 비즈니스 현장에도 똑같이 적용할 수 있다.

예를 들어, 영업사원이 다음 달에는 3000만 엔 이상의 매출을 올리겠다는 목표를 매일 수첩에 적고, 또 소리 내서 읽어 버릇한다면 분명 원하는 대로 실적을 올릴 수 있다.

목표설정의 적정수준을 생각해보자

20여 년 전에 미국 올림픽 위원회의 스포츠 과학 부문 본부에서 객원 연구원으로 약 6개월 동안 근무하며 미국 올림픽 여자 배구팀의 데이터 분석을 맡은 적이 있다.

그때 상사는 틈만 나면 목표설정 수준이 얼마나 중요한지를 강조했다. 당시 매주 월요일에는 오전 7시부터 코치진 미팅이 있었다. 그 자리에서 코치와 코치의 상사인 디렉터가 주말에 열릴 육상대회의 100m 목표기록을 10초 00으로 할지 아니면 9초 90으로 할지를 놓고, 30분 이상 옥신각신했던 기억이 어제 일처럼 생생하다.

이 말은 목표 수준을 잘못 설정한다면 동기부여 효과가 없을 뿐더러, 설령 목표를 달성한다 해도 유의미한 수준의 기록은 아니라는 사실을, 그들은 당시에 이미 알고 있었다는 뜻이다. 이에 비해 일본은 아직도 목표설정을 논의하는 데 시간을 크게 할애하지 않고 있어 무척 안타깝다.

그렇다면 적정한 목표설정이란 무슨 의미이고, 애초에 목표를 설정하는 이유는 무엇일까? 목표를 설정하는 가장 큰 목적은 목표를 실현하기 위해서가 아니다. 물론 중요한 목적 중 하나이긴 하지만 첫 번째는 아니다. 만일 목표설정의 첫 번째 목적이 목표 실현이라 생각한다면, 목표를 정할 때 신중해질 수밖에 없고 결국 목표를 다소 낮게 설정하게 된다. 그렇게 되면 실제로 목표를 이룬다 해도 성취감은 크지 않다.

여기서 핵심은 실질적인 성과를 극대화하는 것이다. 다시 말해, 동기부여 효과가 가장 큰 목표 수준을 찾아 목표를 설정해야 한다.

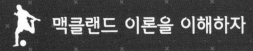

맥클랜드 이론을 이해하자

목표설정의 가장 큰 목적은 강력한 동기부여이다. 이 말은 맥클랜드 이론을 통해 이해할 수 있다. 이 이론은 미국 하버드 대학의 데이비드 맥클랜드(David McClelland) 교수가 고리 던지기 실험을 통해 확립했다.

맥클랜드 교수는 실험에서 피험자인 하버드대 학생들을 여러 그룹으로 나누고 고리 던지기를 수행하도록 했다. 이때 교수가 설정한 실험 규칙은 단 한 가지로, 표적까지의 거리를 그룹 구성원끼리 논의하여 자유롭게 결정하라는 것이었다.

맥클랜드 교수는 실험을 진행하면서 피험자들의 눈빛, 동작, 태도 등을 빠짐없이 관찰하였고, 이를 통해 성취동기 수준이 가장 높은 그룹을 밝혀냈다. 실험 결과는 그림1처럼 완벽한 역U자형 곡선의 형태로 나타났다.

그래프에서 가로축은 목표 수준, 세로축은 성취동기 수준을 의미한다. 실험 결과 성취동기 수준이 가장 높았던 것은 고리를 던질 수 있는 총 5번의 기회 중에 3번 성공할 수 있는 거리에 표적을 둔 그룹이었다. 이 그룹보다 표적을 먼 곳에 놓았거나, 가까운 거리에 놓은 그룹은 모두 성취동기 수준이 낮았다.

정리해보면, 목표 달성 확률을 60%로 설정했을 때 성취동기 수준이 가장 높다는 사실이 실험으로 판명되었다. 그렇다면 왜 여타 그룹들은 동기부여가 제대로 되지 않았던 걸까?

우선, 그래프 왼쪽에 목표설정 수준이 낮은 그룹부터 살펴보자. 이 그룹은 큰 노력 없이도 이 정도 목표쯤은 손쉽게 달성할 수 있겠다는 생각에 수행을 소홀히 했다. 목표가 너무 낮으면 그룹 분위기가 해이해져서 연습을 게을리하거나 마지못해 연습하는 바람직하지 못한 태도가 형성돼 좋은 결과를 얻기 힘들다.

그림1 맥클랜드 이론

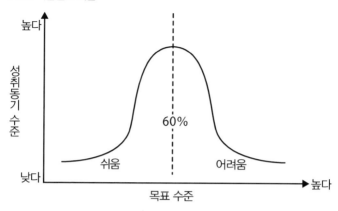

반대로 목표가 너무 높은 그룹은 어떨까? 이 경우는 목표가 지나치게 높아서 달성할 수 있을 리가 없다고 속단해 앞선 그룹과 마찬가지로 연습 의욕이 떨어진다. 이뿐만 아니라 목표를 너무 높게 책정하면 그만큼 목표 달성이 어렵기 때문에 선수는 감독, 코치의 매서운 지적이나 질책을 두려워한 나머지 공포심이 생겨 심리적으로 위축되고 만다.

또, 달성 목표가 지나치게 낮은 팀의 선수는 감독을 대수롭지 않은 목표에도 쉽사리 만족하는 사람이라 여겨 얕보게 된다. 양쪽 다 바람직하지 않은 상황이라 할 수 있다.

달성 확률 60%에 맞춰 목표를 세우고 꾸준히 노력하는 것이 곧 선수가 최상의 목표를 실현하는 방법이다. 비즈니스 현장에서도 똑같은 방식으로 목표를 설정해서 실행하도록 한다.

목표 설정지를 작성하는 습관을 기르자

이제부터 내가 개발한 목표 설정지를 어떻게 활용하는지 설명하려 한다. 서식은 표1에서 확인할 수 있고, 1주일에 1장씩 작성한다.

제일 먼저 할 일은 '목표 선언'이다. 꼭 이루고 싶은 목표를 손으로 적는다. 물론 목표 달성 기한도 함께 적어야 한다.

그리고 목표를 매일 소리 내어 여러 번 읽는다. 이렇게 반복해서 읽다 보면 뇌에 깊이 각인되어 목표 달성을 향한 의욕이 강해진다.

다음은 '이번 주 행동'을 작성한다. 목표를 실현하는데 필요한 행동이 무엇인지를 생각나는 대로 쓰면 된다.

마지막으로 일요일 저녁처럼 1주일의 마지막 날에 가볍게 술이나 음료를 마시면서 '이번 주 행동' 달성도를 퍼센트(%)로 계산하여 기록한다. 그리고 다음 날부터 1주일 동안 실행할 목표를 설정하기 위해서 새롭게 표를 작성한다.

물론 이 서식은 스포츠 현장뿐 아니라 비즈니스 현장에서도 활용할 수 있다. 월요일부터 시작되는 1주일을 알차게 보내기 위해 시간을 들여서 차분히 용지를 채워나가길 바란다.

목표는 기본적으로 매번 동일하게 설정하는 것이 바람직하지만, 목표를 수정해야 하는 불가피한 사정이 있다면, 변경해도 상관없다.

1주일에 1장씩 목표 설정지를 작성하면서, 당신의 목표는 더 구체적으로 변하고, 동기부여가 강해져 연습에 더욱 집중할 수 있다.

표1 목표 설정지

목표 설정지

20__ 년 __번째 주

☆목표선언

나는 20__년__월__일 까지 반드시

_____ 을/를 실현한다.

☆이번 주 행동   달성도

1. _____   _____ %

2. _____   _____ %

3. _____   _____ %

4. _____   _____ %

5. _____   _____ %

6. _____   _____ %

7. _____   _____ %

☆이번 주 점수(100점 만점)_____ 점

목표와 비전을 구분해서 사용하자

우리는 흔히 최고의 자리에 오른 선수라면 대부분 본인이 이루고자 하는 꿈이 곧 목표일 거라고 생각하지만, 사실은 그렇지 않다. 『성공하는 사람들의 8번째 습관』(김영사)의 저자 스티븐 코비는 책에서 선수 중 37%만이 소속팀의 달성 목표와 본인의 이루고자 하는 목표를 명확히 인식하고, 20%만이 팀의 목표를 달성하는 데 열의를 보인다고 밝혔다.

현역 선수 중에 노력하지 않는 사람은 아무도 없을 테지만, 노력만으로 꿈이 실현되는 건 아니다. 비전과 목표를 모두 이루어야 비로소 꿈을 현실로 만들 수 있다.

여기서 비전과 꿈의 정의를 간단하게 짚어보면, 먼저 비전이란 개인 또는 팀의 목표 달성을 위해 동기를 유발하는 요인이다. 동기 요인은 동기부여를 좌우하는 요소로 우리가 적극적으로 행동하도록 유도한다.

예를 들어, 미국 MLB 뉴욕 양키스의 비전은 100년 전부터 줄곧 '올해 월드시리즈 챔피언'이었다. 이 문구에 자극받은 뉴욕 양키스 선수들은 팀의 비전을 실현하기 위해 최상의 경기력을 발휘한다.

비전은 단순할수록 효과적이고, 가능하다면 한 줄로 나타내는 것이 좋다. 오래된 연설문 중에 43세의 나이로 미국 대통령에 당선된 존 F. 케네디의 취임 연설이 있다.

"국가가 여러분에게 무엇을 해 줄 수 있는지를 묻기 전에 여러분이 국가를 위해서 무엇을 할 수 있을지를 고민하십시오."

이 연설문은 역사에 길이 남을 훌륭한 비전의 표본이라 할 수 있다. 당신도 지금 당장 종이를 준비해서 무슨 일이 있어도 꼭 이루고 싶은 비전을 한 줄로 적어보자.

비전이 당신의 가슴을 뛰게 하는가?

눈물겨운 노력과 고통을 감내하더라도 꼭 실현하고 싶은가?

이런 질문을 스스로 던져보면서 진정한 나만의 비전을 만들어보자.

얼마 전 폐막한 제30회 런던 하계올림픽에 출전한 선수에게 '올림픽 금메달 획득'은 비전이다. 금메달을 바라기 어려운 선수라면 '메달 획득'이 비전이 될 수 있다. 비전은 허황된 꿈이어선 안 되며 실제로 이루어질 확률이 상당히 높아야만 한다.

그렇다면 목표는 무엇일까? 목표란 비전을 실현하는 데에 당신의 노력이 얼마만큼 효과가 있는지를 확인할 수 있는 존재이다. 만일 당신이 등산하는 중이라면 '정상에 오르다'라는 말은 비전에 해당한다.

그리고 이 비전을 달성해가는 과정에서 자신이 몇 부 능선쯤에 있는지를 확인하는 표지판이 바로 목표이다. 악천후 속에 산을 오를 때 시야가 좋지 않다면 자신이 몇 부 능선까지 왔는지를 알아야 정상에 당도할 수 있다. 다시 말해서, 길을 잃지 않고 안전하게, 그리고 최단 경로로 정상에 도달하는 데 목표가 도움이 된다.

우리에게 주어진 시간은 한정돼있다. 뛰어난 재능을 타고났더라도 비전과 목표 없이는 지금처럼 혹독한 경쟁 사회에선 성공할 수 없다. 성공을 원하는 당신에게는 자신을 가슴 뛰게 만드는 매력적인 비전과 효율적이면서도 확실하게 비전을 실현하도록 길을 알려줄 목표가 필요하다.

제2장

자신감을 부르는
사고패턴으로 바꾸자

아무리 대단한 실력가라 해도 자신감이 부족하다면 경기에서 이길 수
없다. 이 장에서는 자신의 기량을 최대한 이끌어내는 과정지향적 사고
부터 성취동기를 최대로 높이는 방법 등을 설명한다.

결과지향에서 과정지향으로 전환하자

자신감이야말로 챔피언이 지닌 중요한 자질이다. 자신감이란 글자 그대로 자신을 믿는다는 뜻이다. 설사 경기에서 졌다 하더라도 자신감이 줄어들면 안 된다.

대부분의 선수는 승리를 거머쥐었을 때 의기양양해한다. 분명 그 순간만큼은 자신감이 흘러넘친다. 하지만 한번 패배를 맛보게 되면, 직전까지만해도 가득 차올랐던 자신감은 온데간데없이 사라지고 자신감 상실 상태에 빠져버린다.

이렇게 경기의 승패에 따라 울고 웃으면 자신감은 마치 롤러코스터처럼 불안정하게 오르락내리락한다. 평범한 선수들은 대체로 결과지향적 성향이라서 자신감도 결과에 따라 급격히 변하는 것이다.

한편, 각 종목의 챔피언은 어떤 상황에 놓이더라도 과정지향적 성향을 유지한다. 경기 결과에 일희일비하지 않기 때문에 언제나 자신감에 차 있다. 이런 성향의 전형적인 예가 바로 이치로 선수이다. 이치로 선수만큼 결과에 신경 쓰지 않고 오로지 과정에 집중하는 과정지향적인 선수는 찾아보기 힘들다.

이치로 선수는 과거에 이런 말을 한 적이 있다.

"안타를 쳤다고 해서 그날 컨디션이 꼭 좋은 것만은 아니다. 안타를 치지 못했다고 해서 그날 컨디션이 꼭 나쁜 것만은 아니다."

즉, 항상 본인의 루틴에 집중해 절대평가를 내릴 수 있기 때문에 결과에 흔들리지 않는 것이다. 평소 경기 결과에 휘둘리지 않고 본인의 경기력을 평가하는 태도를 일관되게 유지함으로써 견고한 자신감을 얻을 수 있다.

자신이 통제할 수 있는 부분에 집중하자

그렇다면 확실한 과정지향형 선수가 되려면 평소에 어떤 마음가짐이 필요할까?

우선, 완벽한 준비가 중요하다. 예를 들어 이치로 선수는 경기 준비 과정에서 본인이 통제할 수 있는 부분은 철저하게 관리한다. 경기가 없는 날은 최대한 편안하게 쉬려 하지만, 경기가 있는 날에는 경기 시작 시각부터 시간을 거꾸로 계산해서 동일한 시간에 동일한 장소에서 동일한 행동을 하는 습관이 몸에 배었다. 한동안은 점심 식사로 부인 만든 카레라이스만 먹었다는 일화가 있을 정도이다.

정작 실제 경기는 이치로 선수에게 그다지 큰 의미가 없다. 즉, 안타를 칠수 있느냐 없느냐는 상대 투수의 컨디션이 좌우하기 때문에, 타자 본인이 완벽하게 통제할 수는 없다. 사실 타자석에 선 이치로 선수는 본능에 따라 배트를 휘두를 뿐이다.

이런 이유로 이치로 선수는 안타를 치든 범타에 그치든 결과에 얽매이지 않는다. 다시 말해, 모든 노력을 기울여 본인이 할 수 있는 최대한의 준비를 마쳤다면, 안타든 범타든 결과는 그렇게 중요하지 않다는 의미다.

최선을 다해 완벽하게 준비했기에 결과에는 연연하지 않는 모습이 바로 우리가 이치로 선수에게 배워야 할 점이다. 당신도 그날의 연습 메뉴를 종이에 적어 일일이 검토하면서 본인이 통제할 수 있는 사항인지 파악하는 방법을 통해, 이치로 선수처럼 과정지향형 선수로 거듭할 수 있다.

역경을 겪을수록 힘을 내자

결과지향적인 선수의 또 다른 문제는 감정 기복이 크다는 점이다. 승리라는 잠깐의 기쁨에 도취하여 그 후에는 노력을 소홀히 한다.

또, 이런 유형의 선수들은 역경에 부딪히면 바로 무기력해진다. 결과에 예민하게 반응하기 때문에 정신적으로 불안정해지고 성적을 일정하게 유지할 수가 없다.

반면에 챔피언은 항상 본인의 행동에 초점을 맞추기 때문에 결과에 크게 신경 쓰지 않는다. 경기에 이긴 날에도 '흥분해서 좋을 게 없다'고 판단해 마음을 다잡고, 지금껏 해온 대로 계속 노력해나간다.

마찬가지로 경기에서 패배하더라도 오늘은 졌지만 내 본분을 다했으니 '앞으로도 지금처럼 계속 열심히 하자'고 자신을 다독이고서 다시 연습에 매진할 수 있다.

이렇듯 과정지향적 행동을 지속하면 자연스럽게 결과에 연연하지 않게 된다. 이런 성향을 상징하는 이치로 선수에 관한 일화가 있다.

이치로 선수는 심판의 미묘한 판정에 왜 항의하지 않는 걸까? 보통은 심판에게 끈질기게 항의한다. 하지만 판정은 절대 번복되지 않으며, 결과적으로 심판에게 항의한 타자는 심리적으로 흔들려 다음 타석에서 아무 소득 없이 물러나고 만다.

한편, 이치로 선수는 미심쩍은 스트라이크 판정을 받더라도 냉정함을 유지한다. 아마도 이치로 선수의 생각은 이럴 것이다.

'투수가 던진 공이 볼인지 스트라이크인지를 판정하는 것은 심판의 일이다. 설령 심판 판정에 의구심이 들더라도 심판이 스트라이크라고 선언한 이상 그 공은 스트라이크이다. 나는 다음 타석에서 아까와 같은 스트라이크 볼을 어떻게 공략해야 안타를 칠 수 있을지를 고민한다.' 그런 생각을 하다

보면 심판에게 항의할 생각할 생각이 들지 않는다.

이치로 선수는 이런 사고방식을 지녔기 때문에 언제나 안정적인 성적을 거둘 수 있는 것이다. 어떤 상황이든 결과에 민감하게 반응하지 않고, 본인의 플레이에 집중하는 것이 일류 스포츠 선수들의 공통점이다.

이런 규칙은 비즈니스 현장에서도 똑같이 통용된다. 결과에 지나치게 연연하는 태도를 버리고 과정지향적으로 행동한다면 업무 성과는 깜짝 놀랄 정도로 향상될 것이다.

최선을 다해 신념을 관철하자

　심리기술 중에서도 개성과 신념을 길러주는 훈련은 당신이 최고의 선수로 도약하는 데 강력한 무기가 된다. 이제부터 개성과 신념의 중요성에 관한 나름의 견해를 제시해보려 한다.

　이 세상에 당신과 똑같은 체격, 골격을 가진 인간은 존재하지 않는다. 당신과 완전히 생각이 같은 인간 역시 존재하지 않는다. 주변에 휩쓸리지 않고 본인만의 방식을 고수하는 성향이 개성이 되어 밖으로 표출되는 것이다.

　이치로 선수는 프로 야구에 입문한 뒤 처음 2년 동안은 1군과 2군을 오가는 평범한 선수였다. 그러던 중 슬럼프에 빠진 그에게 코치는 "내가 시키는 대로 하면 1군에 있게 해줄게. 그게 싫으면 2군으로 내려가!"라고 말했다.

　이치로 선수는 그 말을 듣자마자 거부 의사를 밝히고 바로 짐을 꾸려 2군 숙소로 향했다. 본인에겐 보물처럼 소중한 타격 자세를 멋대로 바꾸려는 행위를 참을 수가 없었다.

　우리는 주변의 말에 쉽게 동조하고 코치의 지시에 의심 없이 따르며 자신이 시간을 들여서 쌓아 온 결과물들을 미련 없이 포기한다. 하지만 이렇게 해서는 개성을 발휘할 수 없다. 세계적으로 유명한 축구 선수 호나우두와 메시의 플레이는 서로 완전히 다르다. 두 선수는 각자의 방식을 철저히 고수해왔기 때문에 경기장 위에서 개성 있는 플레이를 선보일 수 있는 것이다.

　의식적으로 기본에 충실하려고 노력하면서 자신의 개성을 최대한 발휘한다면, 예술적인 경기력을 펼칠 수 있는 것이다.

　신념을 지키는 일도 승자가 되는 데 중요한 역할을 한다. 스포츠의 세계에선 승리보다는 패배가 압도적으로 많다. 예를 들어 윔블던 테니스 대회의 남자 단식에는 총 128명의 선수가 출전하는데 이 중에서 단 한 번의 패배

없이 대회를 마치는 사람은 윔블던 챔피언 단 한 사람뿐이다. 다른 선수들은 고배를 마시고 허탈하게 경기장을 빠져나간다.

윔블던 준우승자는 결승전에 오르기 전에 6번 연속으로 승리를 거둔 후, 챔피언과 맞붙게 된다. 하지만 결국 결승전에서 챔피언에게 패배하면, 그전까지 거둔 승리는 무의미해지고 좌절감에 괴로워한다.

역경을 만나 실의에 빠질 것인가, 아니면 역경을 발판 삼아 계속해서 성장해나갈 것인가. 이 둘의 차이는 너무나도 크다.

언젠가 이치로 선수는 이런 말을 한 적이 있다.

"제가 생각하는 슬럼프의 정의는 '감을 잃어버린 상태'예요. 저는 성적이 부진한 것을 슬럼프라고 부르지 않아요."

이처럼 세계 챔피언이나 세계 정상급 선수는 모든 일이 순조롭게 흘러갈 때가 아니라 일이 뜻대로 풀리지 않아 힘들 때 그 상황을 딛고 사신이 도약한다는 사실을 잘 알고 있다. 이것이 바로 신념의 정체이다.

어떤 상황과 맞닥뜨려도 본인이 정한 길을 꿋꿋이 걸어간다. 물론 중간중간 독창성을 발휘하여 자세나 전략을 수정할 필요도 있다.

자신이 정한 길을 끝까지 걸어간다면, 어떤 결과가 기다리든 후회하지 않는다. 신념을 관철하는 선수들의 공통점이 바로 이것이다.

자신을 자극하는 '최고의 동기 요인'

동기는 심리기술 중에서 비중 있게 다뤄지는 구성 요인이다. 당신이 고통을 참고 훈련하도록 유도하는 것은 과연 무엇일까? 이제부터 설명할 동기 요인은 동기를 유발하는 요인을 말한다.

동기 요인은 주로 외적 동기와 내적 동기로 나뉜다. 만일 동기를 유발하는 요인이 자신의 외부에 있다면 외적 동기이고, 반대로 본인의 마음에서 우러나온다면 내적 동기라 부른다.

외적 동기의 대표적인 특징은 보상이다. '런던 올림픽 금메달 획득'은 모든 운동선수에게 가장 강력하게 작용하는 외적 동기이다. 이런 동기 요인이 있어서 세계 정상급 선수들이 지옥 같은 훈련을 이겨낼 수 있는 것이다. 만일 보상이 매력적이지 않다면 동기 수준은 낮을 수밖에 없다. 자신에게 가장 효과적인 동기 요인은 무엇일까? 이 물음에 대한 답을 생각하다 보면 더욱 강력한 외부 동기를 발견하게 될지도 모른다.

한편, 본인 내부에 존재하는 감정적인 동기 요인을 내부 동기라고 한다. 이치로 선수의 가장 강력한 동기 유발 요인은 아마 내적 동기일 것이다. 이치로 선수는 2010년 시즌에 10년 연속 200안타라는 대기록을 달성했다.

금전적 보상이 존재하는 외적 동기를 떠올려 봐도 이치로 선수는 이미 오래전에 평생 쓰고도 남을 만큼 많은 보상을 받았을 테니 남은 것은 내적 동기밖에 없다.

내적 동기에는 심리학자 로버트 화이트(R.W.White)가 주장한 유능감이 있다. 우리는 지금까지 실패해왔던 기술에 성공했을 때 높은 수준의 유능감을 경험한다. 이치로 선수가 유능감을 느끼는 순간은 삼진으로 물러난 뒤, 다음 타석에서 상대 투수에게 안타를 날렸을 때, 그리고 하나씩 꾸준히 안타를 쌓아갈 때이다. 현역으로 뛸 수 있는 시간이 한정적이란 사실이 압박

감으로 작용해 내적 동기를 크게 자극했을 것이다.

최종적으로는 본인의 꿈을 이루는 자아실현이야 말로 최고의 동기 요인일 것이다. 외적 동기의 단점은 결핍 욕구가 충족되면서 동기가 감소하는 점으로, 실제로 금메달을 딴 뒤에 은퇴하는 선수가 많다는 사실이 이를 뒷받침 해준다.

한편, 자아실현은 영속적인 내적 동기 특유의 욕구로, 계속 성장하려는 성장 욕구이다. 욕구가 충족되면 사라져버리는 외적 동기와는 근본적으로 다르다. 이치로 선수에게 자아실현이란 아마 모두가 꿈꾸듯이 타율 10할을 자랑하는 완벽한 타자에 조금이라도 근접하는 일일 것이다.

물론 아무리 이치로 선수라 해도 10할 타자는 불가능한 꿈이다. 하지만 이상에 조금이라도 가까워질 수는 있다. 이 점이 야구 선수로서 거의 모든 것을 이룬 이치로 선수가 성취동기를 유시할 수 있었던 유일한 요인일 것이다.

당신을 자극하는 가장 강력한 외적 동기와 내적 동기가 무엇인지 진지하게 생각해 보자. 분명 당신의 마음에 의욕이 싹트는 것을 느낄 수 있을 것이다.

자아상의 변화를 통해 발전할 수 있다

"노력은 배신하지 않는다." 이 말을 믿으며 오늘도 수많은 선수들이 밤낮으로 구슬땀을 흘리고 있다. 하지만 노력만으론 부족하다. 아무리 연습에 연습을 거듭해도 자아상을 바꾸지 않는다면 최고의 선수로는 성장할 수 없다.

오른쪽 그림은 이 말을 이해하기 쉽게 그린 모식도이다. 수도꼭지에서 흘러나오는 물의 양은 노력이다. 그릇에 담긴 물의 양은 경기력이고, 그릇의 크기가 자아상(self-image)이다. 아무리 열심히 노력해도 그릇에 담긴 물의 양은 그릇의 부피를 초과할 수 없다.

이 말은 곧 노력에 앞서 경기자 본인의 자아상을 바꿀 필요가 있다는 뜻이다. 우리는 과거에 거둔 성적을 바탕으로 '있는 그대로의 나'라는 자아상을 만든다. 하지만 그렇게 만든 자아상으로는 아무리 열심히 노력해도 발전에 한계가 있다.

저명한 심리학자 윌리엄 제임스(William James)는 "인간은 대체로 자신이 생각한대로 된다."라고 말했다.

즉, 경기력을 한정 짓는 것은 다름 아니라 선수 본인의 자아상이다. 자아상을 좀 더 알기 쉽게 설명하기 위해서 여기에 100m 달리기 선수 2명이 있다고 가정하자. 두 사람의 실력은 우열을 가리기 힘들 정도로 비슷하다.

하지만 선수 A는 '난 100m를 10초 50에 달리는 선수'라는 자아상을 가졌고, 반면에 선수 B는 '난 100m를 10초 10에 달리는 선수'라는 자아상을 가졌다.

한 육상대회에 출전한 두 선수는 10초 30을 기록했다. 이때, 두 사람은 전혀 다른 생각을 한다. 먼저, 선수 A는 '좋아, 오늘 레이스는 최고였어. 연습을 조금 줄여도 되겠어!'라고 만족하며 그 후로 연습에 소홀하기 시작한다.

한편, 선수 B는 '완벽한 레이스는 아니었다. 내일부터 지금껏 해온 대로 열심히 훈련하자'라고 생각했고, 그 뒤로도 연습을 게을리하지 않았다. 그렇다면 다음 경기에서 좋은 성적은 낸 선수는 누구일까? 당연히 B 선수다.

두 선수의 경기력 수준에 차이가 생긴 이유는 자아상이 다르다는 점 외엔 설명할 길이 없다.

이처럼 자아상의 변화를 통해서 당신도 눈부신 도약을 이룰 수 있다.

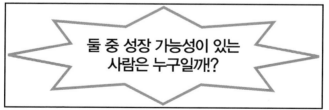

수행 기술을 습득하자

그럼, 자아상을 바꾸려면 어떻게 해야 할까? 만약 당신이 한 번도 이겨본 적이 없는 상대와 겨뤄야 한다면, 실제 경기 상대가 아니라 경기할 때 매번 이겼던 상대와 싸우는 장면을 그려보길 바란다.

챔피언은 항상 당당한 태도를 유지하기 때문에 다른 선수를 이길 수 있다. 경기력과 감정 간에는 강한 상관관계가 있다. 흔히 감정이 그 선수의 태도를 결정한다고 알려져 있는데 이는 잘못된 생각이다. 정확히는 태도가 그 사람의 감정을 결정한다.

예를 들어, 챔피언은 위기 상황에도 당당한 일인자의 위엄을 잃지 않는다. 높은 경기력을 발휘하는 데 승자 특유의 기세가 꼭 필요하다는 사실을 알고 있기 때문이다.

경기가 잘 풀릴 때는 챔피언과 다른 선수들 사이에 큰 차이는 없다. 하지만 위기에 빠졌을 때, 평범한 선수들은 어두운 표정으로 고개를 떨구고 자신감을 상실한다. 이런 태도가 점차 상황을 불리하게 만든다.

우리는 타이거 우즈처럼 공을 칠 수 없다. 하지만 타이거 우즈처럼 당당한 자세로 플레이할 수는 있다. 스포츠 심리학에서 수행 기술은 자아상을 수정할 뿐 아니라 운동 수행의 기복을 최소한으로 줄여주는 역할을 한다.

영화의 주인공이 된 당신이 만일 연기 중 실수를 하더라도 편집을 통해 멋진 연기로 탈바꿈할 수 있다. 그렇기 때문에 세계 챔피언에 등극한 사람처럼 당당하고 자신감 넘치는 표정으로 카메라 앞에서 마음껏 연기하면 된다.

어떤 상황이든 항상 챔피언처럼 자신있게 행동한다면, 당신의 머릿속에 들어있는 자아상이 완전히 바뀌면서 당신도 높이 도약할 수 있다.

제3장

자기암시의 고수가 되자

어떤 상황이든 긍정적인 자세로 마주한다면, 좋은 결과는 반드시 따라
온다. 이것이 바로 긍정적 지향이다. 이 장에서는 자신이 얼마나 긍정적
인 사람인지 확인하고, 혼잣말 활용법과 자기암시를 이용해 잠재력을
최대한 발휘할 수 있는 방법을 알아본다.

현재 주목받는 긍정 심리학을 배워보자

현재 긍정적 지향이란 심리학 개념이 주목받고 있다. 이는 꼭 운동선수가 아니더라도 모든 비즈니스 종사자에게 통용될 만한 개념이다.

같은 상황이라도 '상대방에게 속수무책으로 끌려다니는 부정적인 장면'을 상상하는 선수와 '자신의 페이스를 되찾아서 상대와 격차를 벌리는 긍정적인 장면'을 생각하는 선수가 있다. 만약 이 두 선수의 실력이 비슷하다면 어떤 선수가 승리할지는 불 보듯 뻔하다. 승자는 당연히 후자다.

부정적인 생각을 하는 선수는 크게 성공할 수 없다. 어떤 상황에서든 긍정적으로 생각하는 습관이 운동선수로서 성공하는 데 큰 도움이 된다. 물론 이것은 선천적 기질에 상관없이 훈련을 통해 누구나 습득할 수 있는 심리 기술이다.

당신이 야구 선수이고, 줄곧 당신에게 삼진을 안긴 투수와 대결한다고 가정해보자. 심리기술을 습득하지 못한 타자라면, 이번 타석에서도 삼진 아웃을 당할 것 같다고 생각하는 것이 자연스러운 흐름이다. 같은 투수에게 여러 번 삼진을 당한 전적이 있는 타자의 머릿속에서는 타석에 들어서기 전부터 이미 과거의 경험들이 계속 재생되고 있을 것이다.

그러나 심리기술을 익힌 타자는 설령 지금까지 여러 번 완벽하게 삼진을 당했어도 오늘만큼은 안타를 칠 것 같은 예감이 든다고 긍정적으로 생각할 수 있다. 이뿐만 아니라 자신감 넘치는 표정과 태도를 유지한 채로 타자석에 설 수 있다. 뇌가 해당 선수의 모든 움직임을 통제하는 이상, '삼진 아웃당할지도 몰라'라고 생각할지, '안타를 칠 수 있을 것 같아'라고 생각할지에 따라 결과는 달라진다.

어떤 상황이든 본인이 할 수 있는 가장 긍정적인 생각을 떠올리는 습관이 긍정적 지향의 핵심이다. 긍정적인 사고 습관을 체득한다면, 머릿속에는

긍정적인 장면이 많이 저장된다. 또, 머릿속에 남아있는 부정적인 기억이 긍정적인 기억으로 변환된다.

슬럼프에 빠진 선수의 머릿속은 부정적인 상황에 대한 기억으로 가득 차 있다. 그 결과 뇌는 이미 존재하는 부정적인 기억을 토대로 행동 프로그램을 결정한다.

각각 머릿속이 긍정적인 생각과 부정적인 생각으로 가득 한 선수를 비교했을 때, 어떤 선수가 행동 프로그램을 적절하게 만들었을지는 굳이 설명할 필요도 없을 것이다.

물론 이 내용은 비즈니스 현장에서도 활용할 수 있다. 아침에 눈을 뜨면, 오늘은 꼭 영업에 성공하겠다고 외치면서 자리에서 일어나보자. 또, 평소에 비즈니스 상황과 관련해 긍정적으로 생각하는 습관을 기르자.

긍정적으로 사고하는 사람만이 가혹한 경생 사회에서 살아남을 수 있다.

그럼, 이제부터 당신이 운동선수로서 긍정적인 유형인지, 부정적인 유형인지 확인해보자.

노트를 준비해서 거실에 앉아 편안하게 눈을 감는다. 그리고 자연스럽게 머릿속에 떠오르는 장면을 노트에 적는다. 총 10가지 장면이 떠오를 때까지 이 방법을 반복한다.

10가지 장면을 노트에 다 적었다면, 적은 내용을 긍정적인 생각, 중립적인 생각, 부정적인 생각 3종류로 나눈다.

예를 들어, '상대 투수에게 삼진 아웃을 당하는 상황'은 부정적인 장면이고, '친구와 수다 떠는 상황'은 중립적인 장면, '페인팅 동작으로 골키퍼를 속이고 골을 넣는 상황'은 긍정적인 장면이다.

긍정적인 장면은 1점, 중립적인 장면은 0점, 부정적인 장면은 −1점으로 계산한다. 채점 결과 +3점 이상이면 당신은 긍정적인 성향의 소유자이고, 2점~−2점이라면 어느 쪽에도 속하지 않으며, −3점 이하라면 부정적인 성향의 소유자이다.

요즘 판매되는 디지털 녹음기에는 놀라운 기능이 탑재돼있다. 녹음기를 상의 주머니에 넣어놓으면, 말소리가 들릴 때만 녹음기가 작동하면서 당신이 별생각 없이 내뱉은 혼잣말을 녹음해준다. 이 기능을 활용하여 하루 종일 당신이 아무렇지 않게 중얼거렸던 혼잣말을 그날 저녁에 들어본다. 그리고 녹음된 혼잣말을 ① 긍정적인 혼잣말, ② 일반적인 혼잣말, ③ 부정적인 혼잣말로 분류하여 본인이 어떤 유형인지 확인한다.

내용을 분류하다 보면 의외로 일반적인 내용이 많다는 사실을 깨닫는다. 예를 들어, '오늘 저녁엔 일식을 먹어야지'. '집에 갈 때 약국에 들러서 안약을 사야 해' 같은 메시지는 일반적인 혼잣말에 속한다.

한편, '오늘은 연습할 의욕이 안 났어'라는 말은 부정적인 혼잣말이고, '오늘은 정말 열심히 연습했어'라는 말은 분명 긍정적인 혼잣말이다.

이렇게 녹음기에 담긴 혼잣말 중 처음 10개를 듣고서 위의 예시처럼 3가지 유형으로 분류한다.

긍정적인 혼잣말은 1점, 일반적인 혼잣말은 0점, 부정적인 혼잣말은 -1점이다. 계산한 결과, +3점 이상이면 긍정적인 성향을 지닌 사람이고, 2점~-2점은 어느 쪽에도 속하지 않으며, -3점 이하는 부정적인 성향의 소유자이다.

습관적으로 부정적인 혼잣말을 내뱉는 선수는 물론이고 일반적인 혼잣말을 자주 하는 선수도 매일 의식적으로 긍정적인 혼잣말을 하도록 노력해야 한다.

우선은, 종종 이렇게 혼잣밀을 확인해서 본인의 상태를 파악한다. 물론 언제 확인해보느냐에 따라 점수는 달라진다. 일이 잘 풀리거나 좋은 일이 생겼을 때는 긍정적인 성향을 보이고, 컨디션 난조거나 마음이 불안할 때는 부정적인 성향으로 변한다.

또, 여러 번 확인하다 보면 본인이 원래 긍정적인 성향인지 부정적인 성향인지를 확실히 알 수 있다.

긍정, 부정 어느 쪽에도 속하지 않는 중립적인 유형도 많을 것이다. 그런 경우엔 80~85페이지에 나오는 구체적인 훈련을 실행한다면, 분명 긍정적인 성향으로 바뀔 수 있을 것이다.

이 방법은 다양한 비즈니스 상황에서도 유용하게 사용할 수 있다. 스포츠의 경우와 마찬가지로 머릿속에 떠오르는 비즈니스 상황을 종이에 적어서 점수를 계산하면 된다. 당신이 긍정적인 성향인지 아닌지가 바로 드러난다.

긍정적인 혼잣말을 하자

선수들은 경기 중에 수도 없이 혼잣말로 중얼거린다. 테니스 선수라면 서브에서 더블 폴트를 범했을 때 넌 왜 서브도 제대로 못 하냐고 자기도 모르게 투덜댄다. 이 말은 누가 누구에게 하는 것일까?

선수 안에는 두 사람이 존재한다. '경기하는 나'와 '코치하는 나'이다. 아까 언급했던 테니스 선수의 혼잣말은 당연히 '경기하는 나'를 향한 '코치하는 나'의 불평이다.

만일 '코치하는 나'의 말이 듣기 거북하면, '경기하는 나'는 자연스레 위축되고, 당연히 기량을 제대로 발휘할 수 없을 것이다. '코치하는 나'의 혼잣말을 막을 수는 없지만 노력을 통해 바람직한 방향으로 바꿀 수 있다. 일상 속에서 자연스럽게 긍정적인 혼잣말을 많이 하려 노력하다 보면, 점차 긍정적인 성향의 인간으로 변해간다.

그렇다면 혼잣말이 선수에게 어떤 식으로 영향을 주는지 살펴보자. 테니스 선수 두 명이 접전을 펼치고 있다. 그 중 선수 A의 '코치하는 나'는 포인트를 내준 직후에 이렇게 말한다. "그렇게 열심히 연습했는데, 넌 왜 이것밖에 못해!"

이 말을 들은 '경기하는 나'는 점점 위축되고, 급기야는 다음 포인트에서 실책을 연발한다. 결과는 불 보듯 뻔하다. 경기는 선수 A의 패배로 끝날 것이다.

한편, 포인트를 잃었을 때 선수 B의 '코치하는 나'는 이렇게 말한다. "바로 털어버리고 다음 포인트에 집중하는 거야!" 이 말을 들으면, 완전히 심기일전하여 다음 포인트를 얻을 가능성이 높아진다.

이렇듯 특히 실력이 비슷한 두 선수가 팽팽히 맞서는 경기에선 혼잣말의 내용이 해당 경기의 운명을 좌우한다고 해도 과언이 아니다. 다시 말해, '코치하는 나'의 혼잣말이 이후 두 선수의 경기력에 커다란 영향을 준다.

같은 상황이 발생해도 그것을 어떻게 해석하느냐가 경기력에 큰 영향을 미친다. 안 좋은 일이 발생했을 때, 그것은 '일시적'인 현상이고, '내 탓이 아니다'라고 혼잣말로 이야기하는 것이 중요하다.

예를 들어, '우연히 상대가 좋은 플레이를 했을 뿐(일시적)이지, 특별히 내 플레이에 문제가 있었던 것은 아니다(내 잘못이 아니다)'라고 혼잣말을 한다.

반대로, 똑같은 상황에서 이 일은 영속적이며 자신에게 잘못이 있다는 식으로 혼잣말하면, 사태는 점점 나쁜 방향으로 흘러간다.

'컨디션이 좋지 않다(내 잘못이다). 이 상태로는 도저히 경기에서 이길 수 없다(영속적).'라고 혼잣말을 하는 경우가 그렇다. 이렇게 이야기하는 선수는 연패에 빠질 가능성이 상당히 높다.

그렇다면, 좋은 일이 생겼을 때는 어떨까? 나쁜 일이 발생했을 때와는 정반대의 해석이 필요하다. 예를 들어 프로 야구 경기에서 끝내기 홈런을 친 선수가 경기 후 인터뷰에서 이런 말을 했다. "오늘은 운이 따라서 끝내기 홈런을 칠 수 있었습니다. 제 야구 인생에서 아주 소중한 추억이 될 것 같습니다."

이 선수는 끝내기 홈런을 친 건 운 덕분으로, 절대 '본인이 잘해서'가 아니라고 생각한다. 게다가 이 극적인 홈런을 '일시적인 사건'으로 해석합니다. 이렇게 생각한다면 끝내기 홈런을 칠 기회는 두 번 다시 찾아오지 않을 수 있다.

반면에 정상급 선수는 인터뷰에서 아마 이렇게 말했을 것이다.

"오늘은 제 실력을 남김없이 발휘할 수 있었습니다. 될 수 있는 한 이른 시일 내에 다시 한번 끝내기 홈런을 치고 싶습니다."

이 말속엔 끝내기 홈런은 '내 실력'이며 '영속적'이라는 의미가 담겨 있다.

한 번 더 강조하지만, 어떤 상황이 벌어져도 동기 수준을 유지하면서 최선을 다하는 자세가 필요하다. 이 심리기술은 마음만 먹으면 누구나 다 습득할 수 있다.

이 심리기술을 익혀서, 평소에 높은 동기 수준을 유지할 수 있는 선수만이 정상에 설 수 있다. 자신이 처한 상황을 어떻게 해석하느냐가 같은 재능을 가진 두 선수의 운명을 좌우한다.

비즈니스 현장도 마찬가지다. 영업에 성공했다면, 그 거래를 성사시킨 건 본인의 능력이라 생각하면 된다. 반대로 결과가 좋지 않을 때는 경기가 어려워서 그렇다고 원인을 외부로 돌리고, 한층 더 분발하면 된다.

또 다른 경우로 새로운 기획을 프레젠테이션 했으나 통과되지 않았을 때는 '다음에도 잘 안될 것 같아(영속적)'가 아니라 '다음번에는 반드시 성공할 거야(일시적)'라고 자신에게 말해주면 된다.

상황을 유리하게 해결하는 심리기술을 익힌다면 당신은 아주 긍정적인 성향의 소유자로 변신하여 스포츠나 비즈니스 현장에서 뛰어난 성과를 올릴 수 있을 것이다.

단정적인 어조로 혼잣말을 해보자

그럼, 이제 혼잣말을 통해 성취동기를 높이는 방법을 알아보자. 우선, 혼잣말의 내용은 매우 긍정적이어야 한다. 평소에 녹음기나 메모지를 휴대하면서 혼잣말을 기록하는 습관을 기르자.

또, 평소 자신이 무의식적으로 내뱉은 혼잣말에 민감해져야 한다. 그러려면 노트나 일지에 틈틈이 본인의 신념에 대해서도 적도록 한다. 내가 왜 이토록 힘들게 노력하고 있는지 스스로 묻고 답하다 보면 자연스레 본인만의 신념이 길러질 것이다.

일본인은 연신 "노력하겠다", "열심히 하겠다"는 말을 늘어놓고 안도하는 경향이 있다. 그러나 이 말은 변명에 불과하다는 사실을 알아야 한다.

아무리 열심히 노력해도 그만큼의 성과를 보여주지 못한다면 좋은 평가를 받을 수가 없다. 무턱대고 노력하는 건 시간 낭비일 뿐이다. 앞으로는 이런 변명 대신 구체적인 숫자를 넣은 혼잣말을 사용하는 습관을 기르자.

다만, '~하고 싶다', '~면 좋겠다' 같이 무언가를 희망하는 어조로는 부족하다. 혼잣말에는 반드시 단정적인 어조를 사용해야 한다.

'나는 세계 챔피언이 되고 싶다'가 아니라 '나는 2013년 12월 31일까지 반드시 세계 챔피언이 되겠다'라고 말하는 습관을 기르자.

똑같은 혼잣말의 반복이 주는 힘은 결코 무시할 수 없다. 선수가 지금까지 해온 훈련을 지속하면서 습관적으로 내뱉던 부정적인 혼잣말을 긍정적인 혼잣말로 바꾸기만 해도 큰 변화를 경험할 수 있다.

한 번 더 말하지만, 결과가 부진한 원인을 더 이상 연습 부족에서 찾아서는 안 된다. 이런 잘못된 믿음을 버리지 못하면 아무리 고된 훈련을 참아내며 노력한대도 좋은 결과를 얻을 수 없다. 기존의 의식을 바꿔나가는 것이 훨씬 중요하다.

내가 지도하는 육상선수 F는 혼잣말을 긍정적으로 바꿨을 뿐인데 자신의 기록을 경신하는 데 성공했다. 또, 테니스 선수 S는 자신의 목표를 연습일지에 적고, 혼잣말로도 되뇌는 습관을 길러 토너먼트에서 우승했다.

혼잣말은 '신념이라는 나무'가 자라는 데 필요한 '자양분'이라서 단 하루라도 혼잣말을 거르면, 신념이란 나무는 말라버리고 만다.

놀라운 자기암시의 위력

마음속 연료 저장소가 항상 자신감으로 가득 차 있다면, 당신은 잠재력을 최대치로 발휘할 수 있다.

하지만 안타깝게도 심리기술 향상을 위해 노력하지 않는 선수는 경기 결과에 따라 자신감의 양이 크게 요동친다. 그 결과 선수의 성적은 불안정할 수밖에 없다.

긍정적인 장면을 떠올리는 훈련이 이미지 트레이닝(심상 훈련)이라면, 긍정적인 말을 소리 내어 되뇌는 훈련은 자기암시 훈련이다.

다시 말해서, 우뇌가 그린 장면을 반복해서 떠올리는 행위를 습관화하는 것이 이미지 트레이닝이라면, 자기암시는 좌뇌가 되뇌는 말의 힘을 이용하는 멘탈 트레이닝이다.

아래에 적힌 말을 무심코 내뱉은 적이 있지 않은가?

"다음 상대는 강적이야."
"오늘은 최상의 컨디션이야."
"오늘 경기는 왠지 이길 것 같아."

이 말은 당신의 뇌가 보낸 메시지이다. 긍정적인 장면을 머릿속에 저장하듯이 긍정적인 문구를 머릿속에 저장하는 습관을 기르자. 이런 습관화를 통해 당신 마음속에 담긴 자신감의 양이 꾸준히 늘어나 잠재력을 백분 발휘할 수 있게 된다.

긍정적인 자기암시 문구를 작성해보자

긍정적인 자기암시 문구를 매일 반복해서 소리 내어 읽는다면, 당신 마음속에 자신감이 가득 차, 굳게 닫혀있던 잠재력의 문이 열리기 시작한다.

한편, 아무리 훈련에 매진해도 자기암시의 힘을 믿지 않는 선수는 절대 최고가 될 수 없으며, 노력은 실제 경기에서도 제대로 빛을 발하지 못한다. 물론 최고의 선수로 올라서기도 어려울 것이다.

평소에 자기암시의 힘을 믿고 효과적으로 활용할 방법을 찾아야 한다.

그럼, 이제부터 실제로 긍정적인 자기암시 문구를 작성해보자.

표1은 긍정적인 자기암시 문구를 적은 목록이다. 이 표를 참고하여 본인에게 도움이 될 만한 문구를 생각해 직접 손으로 적어본다.

또, 작성한 문구를 확대 복사해서 책상 앞에 붙이거나, 문구가 적힌 종이를 침대 머리맡에 놓아둔다. 잠자리는 낭독하기 좋은 최적의 장소이다.

습관적으로 긍정적 자기암시를 습관화한 선수가 승리를 거머쥘 수 있다는 사실을 기억하자.

표1 긍정적인 자기암시 문구 목록

· 마음먹은 일은 반드시 실현한다.

· 한번 결정한 일은 반드시 해낸다.

· 나는 지금 하는 운동 종목이 적성에 맞는다.

· 나는 재능이 넘치는 선수다.

· 목표는 정해졌다. 목표를 이루고자 최선을 다한다면
  반드시 목표를 달성할 수 있다.

· 최상의 심리상태에서 최선을 다한다면 무슨 일이든
  좋은 결과가 있다.

· 노력은 반드시 보상으로 돌아온다.

· 나는 완벽하게 준비된 상태로 경기에 임할 수 있도록
  모든 준비를 마칠 수 있다.

· 나의 잠재력으로 뛰어난 경기력을 발휘할 수 있다.

· 회복과 절제를 통해서 최고의 경기력을 발휘할 수 있다.

· 나는 꾸준히 발전하고 있다.

· 내가 해야 할 일은 확고하다.

· 심신을 최상의 상태로 유지하면,
  최고의 경기력을 발휘할 수 있다.

· 나의 마음은 항상 행복으로 가득 차 있다.

자기암시 문구를 되뇌는 것만으론 부족하다. 자기암시 효과를 높이기 위해서 평소에 적극적인 연습이 필요하다. 여기서 소개하려는 훈련이 바로 슈브뢸의 진자를 활용한 방법이다.

그림1처럼 직경 15cm의 원을 그려놓고, 원 안에 십자 모양으로 선을 2개 그린다. 다음으로 길이 20cm짜리 무명실 끝에 5엔 동전을 묶고, 탁자에 팔꿈치를 고정한 채 양손으로 실을 잡고 반대편 실 끝에 달린 동전에 의식을 집중한다.

머리로는 줄을 잡은 손끝을 움직이면 안 된다고 생각하면서, 속으로는 '동전아, 좌우로 움직여라'라는 말을 되풀이한다. 그러자 신기하게도 동전은 마음속으로 외친 대로 좌우로 움직이기 시작한다.

정리하자면, 마음속 암시가 뇌로 전달되어 뇌가 무의식적으로 손에 지시를 내리고, 결국엔 당신의 의사와는 상관없이 줄이 움직이는 것이다.

이런 반복된 훈련을 통해 뇌는 자기암시에 더 잘 반응하도록 변화하고, 그 결과 꿈을 실현하는 데 필요한 행동력이 자기암시에 의해 강화되면서 꿈을 이룰 확률이 커진다.

이 훈련은 집중력 향상뿐만 아니라 당신의 뇌가 명상 상태로 들어가기 쉽도록 유도하는 효과가 있다.

그림1 슈브뢸의 진자

운동선수로서 본인의 커리어를 새로 쌓을 용기를 낸다는 건 큰 의미가 있다.

나는 대부분의 선수에게 나를 최고로 만드는 CD를 만들도록 한다. 예시가 될 만한 CD 대본은 아래에 첨부하였다. 마음에 드는 음악을 BGM으로 선택하고 아래에 제시한 문장을 낭독하며 CD에 녹음하면 된다.

문장은 천천히 낭독하되, 문장과 문장 사이에 5초간 공백을 두고, 총 3번 반복해서 녹음한다.

녹음한 CD는 가능하다면 하루에 3번 반복해서 듣는다. 나를 최고로 만들기 위한 긍정적인 문장을 듣기만 해도 마음속에 자신감으로 가득 차올라 새로운 일에 도전할 용기가 샘솟는다.

이는 자기암시를 들은 뇌가 문장 내용에 맞게 장면을 연상하고, 그 머릿속 장면을 현실로 만들려고 하기 때문이다. 결과적으론 본인이 그려온 최고의 내 모습에 가까워질 수 있다.

· 나는 항상 집중하고 매사 열심히 한다.
· 나는 지금이라도 내가 원하는 연습 메뉴를 실행에 옮길 수 있다.
· 나는 언제나 당당하며, 책임감을 갖고 연습에 임한다.
· 나는 항상 최상의 컨디션을 유지하기 위해 세심한 주의를 기울인다.
· 나는 어떤 위기 상황에서도 절대 좌절하지 않는다.
· 나는 항상 큰 꿈을 꾸며, 그 꿈을 실현하기 위해 최선을 다한다.
· 나는 정신적으로 항상 안정적이어서 절대 감정적으로 행동하지 않는다.
· 나는 오늘이 최고의 하루가 되도록 최선을 다하고 있다.

재생 시간이 5분 남짓한 이 CD가 당신 마음속에 '성공의 이미지'를 선명하게 심어주어 목표를 실현해 가는 데 확실한 보탬이 될 것이다.

자기암시를 활용한 자율훈련법에 도전하자

대표적인 멘탈 트레이닝 방법으로 자율훈련법이 있다. 1932년에 독일의 정신과 의사인 슐츠(J.H.Schultz)박사가 고안한 자기 최면법이다.

자율훈련법은 심신을 이완시켜 자기암시 효과를 높이데 유용하다. 가장 일반적인 자율신경법은 표준공식(표준연습이라고도 함)으로 6단계로 구성 돼있다.

표2가 자율신경법의 표준공식이다. 순서에 맞게 마음속으로 되뇌이면 되는데, 1~2주 동안 실행한다면 뇌가 자기암시를 쉽게 받아들이는 효과가 있다. 목적에 따라 공식을 일부 생략하거나, 다른 공식으로 대체할 수도 있다.

자율훈련법을 시행할 때는 주의할 점이 있다. 우선, 집중이 잘 되고 조용하며 온도가 쾌적한 장소를 고른다. 정신이 흐트러질 우려가 있으므로 공복감이나 포만감이 들 때는 훈련을 피한다. 복장은 운동복이나 파자마처럼 품이 넉넉한 옷이 좋으며, 장소가 집일 경우에는 목욕 직후가 최적의 타이밍이다. 신체를 압박하는 벨트나 넥타이는 풀어놓는다.

등받이를 조절할 수 있는 의자에 편하게 앉는 것이 이상적인 자세지만, 평범한 의자에 앉아도 상관없다. 물론 침대에 반듯이 누운 채로 진행해도 되지만, 바로 잠들어버릴 수 있다는 게 단점이다(p.89, 그림2).

다음으로 눈을 감고서 천천히 호흡하고 표준공식~제1단계~제6단계까지의 문장을 마음속으로 되뇌인다. 신체 감각이 표준공식대로 변해가는 것을 느낄 수 있도록 주의를 집중한다. 물론 신체는 계속 이완해야 한다.

처음에는 표준공식에 적힌 감각을 제대로 느끼지 못할 수도 있다. 하지만 이 훈련을 1회당 5분, 하루에 2~4번씩 반복하다 보면 점차 공식대로 감각을 느낄 수 있다. 수많은 실험을 통해 팔과 다리의 온감 상승, 심박수의 감소 등 신체적인 변화가 실제로 일어났다는 사실이 확인되었다.

표2 자율훈련법의 공식

표준공식 (안정)	「기분이 매우 안정적이고 평온하다」
제1단계 (중감)	「양팔·양다리가 무겁다」
제2단계 (온감)	「양팔·양다리가 따뜻하다」
제3단계 (심장)	「심장이 조용히 규칙적으로 뛰고 있다」
제4단계 (호흡)	「편안하게 숨 쉬고 있다
제5단계 (복부)	「위장 부근이 따뜻하다」
제6단계 (머리)	「이마가 시원하다」

그리고 마지막으로, 훈련을 종료할 때는 소거 동작(종료 동작이라고도 함)을 실시한다. 단, 훈련 후 취침하는 경우라면 소거 동작은 불필요하다. 소거 동작에 소홀하면 불쾌감이나 무기력감 등이 들기도 한다. 소거 동작은 우선 팔과 다리를 몇 번씩 굽혔다 편다. 다음으로 기지개와 심호흡을 여러 번 반복한 다음에 눈을 뜬다.

자율훈련법을 습관화하면 자기암시 효과가 향상되어 꿈을 실현할 확률이 높아진다. 또, 몸과 마음의 컨디션도 좋아진다.

그림2 자율훈련법의 자세

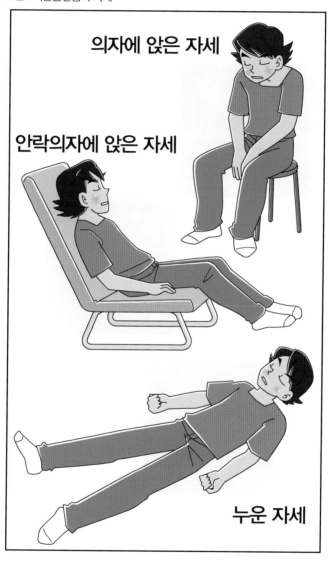

의자에 앉은 자세

안락의자에 앉은 자세

누운 자세

제4장

최고의 경기력을 재현하는 이미지 트레이닝

최상의 심리상태를 유지한다면, 결과는 저절로 따라온다. 그런데 어떻게 해야 심리상태가 향상될까? 이번 장에서는 최고의 심리상태를 조성하는 심리기술인 이미지 트레이닝(심상훈련)을사용하여 심리상태를 조절하는 방법을 설명한다.

최고의 심리상태를 유도하는 기술을 익히자

운동선수가 경험할 수 있는 '최고의 순간'을 스포츠 심리학에선 존(zone, 무아지경) 또는 플로(flow, 몰입)라고 표현한다.

기막힐 정도로 경기가 잘 풀린다.
조금 뒤 일어날 상황이 생생하게 보인다.
가장 즐거운 심리상태.

바로 이런 상태를 존이라고 부른다. 나는 경기력이란 그림1처럼 구성돼 있다고 생각한다. 열기구의 크기는 잠재력, 지상에서 떨어진 거리는 경기력 수준이다.

열기구에는 3종류의 모래주머니가 달려있다. 이 모래주머니가 방해 요인이다. 신체적 방해 요인은 부상, 기술적 방해 요인은 도구의 결함이나 전술·전략의 결여 등을 꼽을 수 있다. 그리고 정신적 방해 요인으로는 슬럼프, 압박감, 집중력 저하가 있다.

선수 A와 선수 B를 비교하면, 분명 선수 A의 잠재력이 더 뛰어나지만, 방해 요인이 많기 때문에 잠재력이 부족한 선수 B보다도 경기력 수준이 낮은 걸 볼 수 있다.

이런 방해 요인의 대부분은 정신적 요인이 차지한다. 존에 도달하면, 방해 요인은 거의 다 사라지고 선수 본인의 타고난 '재능'이 그대로 발현되어 경기 성적으로 이어진다. 다시 말해, 무거운 모래주머니가 전부 사라지면서 열기구가 저절로 날아오르는 것이다.

예를 들어, 2010년 5월에 개최된 일본 프로골프투어 주니치 그라운스 마지막 날 라운드에서 이시카와 료(石川遼) 선수는 58타라는 놀라운 타수를 기록하며 멋지게 역전 우승에 성공했다. 당시 이 기록은 한 라운드 최소타로 기네스북에도 등재되었다.

경기 후에 이시카와 선수는 "몸이 붕 떠 있는 기분이 들었지만, 평상시와 다름없었다."라고 말했다.

이런 상태가 바로 존에 도달한 것이다.

그림1 경기력 개념도

미국의 저명한 심리학자인 찰스 가필드(Charles Garfield) 박사는 수많은
챔피언과 세계 정상급 선수를 대상으로 존에 대해 조사한 결과를 표1과 같
이 8가지 요소로 정리했다.

즉, 진단표를 매일 습관적으로 사용한다면, 당신이 존을 경험할 확률은
확실히 높아진다.

집중력을 다루면서 자세히 설명하겠지만, 이완과 집중력은 밀접한 관련
이 있다. 심신이 이완되면 자연스럽게 집중력이 향상되어 결과적으로 당신
에게 존이 찾아올 가능성이 높아진다.

한때 운동선수들 사이에서 경기를 즐기고 오겠다는 말이 주목받은 적이
있다. 이런 마음가짐이 몰입을 불러와서 뛰어난 경기력을 발휘하는 일도 드
물지 않다.

우리는 무슨 일이든 지나치게 몰아붙이는 경향이 있다. 축구팀 코치가
선수들에게 "더 집중해!", "더 노력해!"라고 주문한다.

그러지 않아도 선수들은 이미 최대한 집중력을 발휘해 열심히 경기를 뛰
고 있다. 코치가 아무렇지 않게 내뱉은 말이 반대로 선수들에겐 큰 부담으
로 작용하여 경기력을 떨어뜨리고 만다.

이뿐만 아니라 승부에 집착하는 코치의 태도가 선수들에게 악영향을 미
치고 그 결과 선수들의 심신에 이상이 생기면서 경기력이 저하되어 상황은
계속 나쁜 방향으로 흘러간다.

당연한 소리지만 이런 상황에서는 선수의 심리상태가 존과는 점점 멀어
지게 된다. 이때 선수들에게 필요한 말은 편안한 마음으로 경기를 좀 더 즐
기라는 코치의 격려이다.

당신도 규칙적으로 진단표를 작성하여 표에 나온 심리상태에 가까워지

도록 노력해보자. 분명 심리상태가 개선되어 경기력이 향상되는 것을 느낄 수 있을 것이다.

물론 비즈니스 현장에서도 세일즈나 기획을 순조롭게 진행하기 위해선 몰입의 순간이 필요하다. 이 표를 유용하게 활용하여 존을 경험하는 데 도움이 되길 바란다.

표1 최상의 심리상태를 구성하는 8가지 요소

카테고리

	0	1	2	3	4	5	6	7	8	9	10
1. 정신적으로 편안한 상태이다.											
2. 신체적으로 편안한 상태이다											
3. 자신감 있다 / 낙천적이다											
4. 현재에 집중하고 있다.											
5. 높은 에너지를 발산하고 있다											
6. 매우 높은 인지력											
7. 통제하고 있다.											
8. 편안하고 쾌적한 상태이다.											

출전: 『Peak Performance』 찰스 가필드(그랜드 센트럴 퍼블리싱)

챔피언은 이미지 트레이닝의 천재!!

선수들의 심리상태를 최고 수준으로 유도하는 훈련법에는 이미지 트레이닝이 있다. 사실 이미지 트레이닝은 멘탈 트레이닝 중에서도 재미있는 훈련에 속한다. 내가 지도하는 선수들도 대부분 이미지 트레이닝을 매일 즐겁게 수행하고 있다.

이미지 트레이닝을 취미처럼 실행한다면, 향상 속도는 빨라질 것이다. 이미지 트레이닝은 도구나 장소에 구애받지 않기 때문에 출퇴근 길, 약속 상대를 기다리는 시간, 취침 전후의 이불 속까지 언제 어디서든 긴단하게 실행할 수 있다.

꿈과 이미지 사이에는 깊은 관련이 있다. 밤에 갑자기 악몽에서 깨어나 두려움에 떨었던 경험은 누구에게나 있을 것이다. 이렇게 꿈을 꾸는 것과 마찬가지로 우리에겐 머릿속으로 선명하고도 구체적인 영상을 그릴 수 있는 능력이 있다. 게다가 우리의 뇌는 시각뿐만 아니라 청각, 촉각, 미각, 후각까지 오감을 동원하여 실제 상황과 크게 다르지 않은 생생한 영상을 만들어 낸다.

이미지 트레이닝은 스포츠 중에서도 특히 부상의 위험이 큰 경기 종목의 선수들이 적극적으로 활용해왔다. 애초에 이미지 트레이닝이 개발된 목적은 구소련의 우주비행사를 훈련시키기 위해서였다.

지상의 훈련 시설에 모인 우주비행사는 우주에서 일어날 수 있는 다양한 위험 상황을 가정하여 머릿속으로 시뮬레이션 하는 훈련을 여러 날 반복한 뒤에 우주로 향했다. 다시 말해, 구소련의 우주비행사는 자신이 떠올린 영상 속에서 위험 상황을 해결하는 훈련을 받았다.

이후로 훈련 노하우가 스포츠계로 전파되었고, 먼저 구소련과 동유럽의 선수들이 적극적으로 실행하면서 올림픽이나 다양한 세계선수권 대회에서

대량으로 메달을 획득하는 원동력이 되었다. 그 결과 이미지 트레이닝은 미국과 여타 유럽 국가로 순식간에 퍼졌고 스포츠계에 정착되었다.

박진감 넘치는 장면을 상상하여 성공에 다가서자

F1 드라이버의 경우에는 실제 주행 연습 이상으로 이미지 트레이닝에 공을 들인다. 커브를 고속으로 통과할 때 브레이크를 한순간이라도 늦게 밟으면 치명적 결과로 이어질 수 있다는 사실을 너무나 잘 알고 있기 때문이다.

F1 드라이버는 실제와 동일하게 설정한 주행 연습 상황을 머릿속으로 실감 나게 그리면서 아슬아슬 한계에 다다른 순간에 브레이크를 밟는 이미지 트레이닝을 매일 반복한다.

다이빙이나 체조 선수 역시도 고난도의 연기를 수행하는 장면을 반복해서 떠올리며 연기에 성공하는 감각을 익힐 때까지 예행연습을 하고 나서 실제 연기에 들어간다. 만일에 조금이라도 연기를 방해하는 장면이 떠오른다면 그 장면을 완전히 지워낼 때까지 실제 연습을 보류한다.

손에 땀을 쥘 만큼 생생한 이미지 트레이닝을 여러 번 반복하는 과정을 거치면, 그 뒤에 이어질 실제 연기에서 선수들은 믿기 어려울 정도로 훌륭한 퍼포먼스를 펼칠 수 있게 된다는 것이다.

비즈니스 상황을 상상할 때도 마찬가지다. 계약 관련 회의가 길어져 좀처럼 결론이 나지 않는 상황을 떠올린 다음, 끝끝내 협상을 성공으로 이끄는 모습을 그려보면 된다.

다만, 현실과 동떨어진 장면은 전혀 도움이 되지 않는다. 현실적인 장면을 그려보고 마지막에는 훌륭하게 성공으로 마무리하는 장면을 반복해서 떠올린다면, 당신은 일에서도 성공을 거둘 수 있을 것이다.

이미지 트레이닝은 실제 연습과 똑같은 효과가 있다

이미지 트레이닝과 실제 연습은 동일한 효과를 낸다는 사실이 실험을 통해 증명되었다.

예를 들어, 스키 월드컵 챔피언인 장 클로드 킬리는 교통사고로 골절상을 당했을 때, 병상에 누워서 자신이 활강하는 장면을 반복해서 떠올리는 습관을 철저히 지킨 결과, 복귀 직후에 열린 스키 월드컵에서 당당하게 우승했다.

또, 사격 세계 챔피언 래니 바섬도 마찬가지로 교통사고를 당해 사격을 할 수는 상황에서 침대에 누워 자신이 총을 쏘는 장면을 반복해서 떠올렸고, 복귀 후 처음 열린 세계 선수권 대회에서 우승을 차지했다. 이처럼 이미지 트레이닝의 성공사례는 일일이 열거할 수 없을 정도로 많다.

스포츠 심리학의 권위자인 리처드 슈인(Richard Suinn) 박사는 실제 기술 수행과 이미지 트레이닝 상황에서 뇌의 움직임에 차이가 있는지 비교했다. 우선, 리처드 박사는 실제 활강경기 중인 선수의 뇌파를 측정하기 위해서 선수에게 뇌파계를 사용하여 뇌의 움직임을 시계열적으로 측정했다.

다음으로 해당 선수를 의자에 앉히고 이미지 트레이닝을 실시하여 뇌의 어떤 영역이 활성화되는지를 관찰했다.

선수가 경험을 떠올리기 시작하자 뇌는 실제 경기 때와 거의 흡사한 움직임을 보였다. 결론적으로 이 실험을 통해 실제 기술 수행과 이미지 트레이닝 시에 관찰되는 뇌의 움직임은 거의 일치한다는 사실이 증명되었다.

이미지 트레이닝의 또 다른 효과는 연습을 실수 없이 마칠 수 있다는 점이다. 특히, 경력이 부족한 선수일수록 실제 기술 수행에서 실수가 잦을 수밖에 없다.

우리의 뇌는 잘한 경기든 잘 못한 경기든 모두 동일하게 기억한다. 설사

당신이 실수를 기억하지 않으려 노력한다 해도 뇌는 확실하고 또렷하게 실수를 기억한다. 즉, 경력이 적은 선수일수록 실제 연습을 통해서 오히려 실수가 고착될 가능성이 있다.

그렇게 되면 실수를 재현하기 위해 연습을 하는 것과 마찬가지다. 그보다는 이미지 트레이닝 시간을 확보하여 과거에 잘했던 경기, 최고의 연기를 다시 떠올리며 반복해서 연습한다면, 실제 기술 수행에서 연습 내용을 재현할 확률이 커진다.

비즈니스 현장 역시 다양한 상황에서 성공하는 장면을 계속 이미지 트레이닝하는 습관을 기르자. 협상에서 능숙하게 거래를 성사시키는 모습, 중요한 프레젠테이션을 훌륭하게 해내어 본인의 기획이 채택되는 모습 등을 상상할 수 있을 것이다. 이미지 트레이닝을 습관화하는 것만으로 당신에게 분명 좋은 일이 계속해서 일어날 것이다.

실제 경험

이미지 트레이닝

영상을 선명하게 떠올리는 방법을 익히자

스포츠뿐만 아니라 비즈니스의 세계에서도 이미지 트레이닝은 유용하게 사용된다. 중요한 협상이나 승진에 필요한 프레젠테이션 등을 준비할 때 이미지 트레이닝은 큰 힘을 발휘한다. 이제부턴 효과적인 이미지 트레이닝을 위한 몇 가지 요소를 설명해보려 한다.

우선 첫 번째 요소는 앞서 언급했듯이 모든 감각기관을 총동원하여 장면을 그리는 것으로, 머릿속에 떠올리는 영상의 선명도에 큰 영향을 준다. 선수들의 대부분은 이미지 트레이닝에 오로지 시각만 활용하는 경향이 있다. 시각에 의존한 이미지 트레이닝은 선명한 영상을 그려낼 수 없다. 시각을 중심으로 청각, 촉각, 미각, 후각까지 오감을 총동원하여 영상을 만들어야 한다.

여기에 온도 감각, 통각, 촉각처럼 좀 더 섬세한 감각을 더하다 보면 영상은 점점 더 강렬한 형태로 머릿속에 저장된다.

이미지를 선명하게 그리는 방법을 익혔다면, 이제 어떤 이미지를 그리면 좋을까?

이미지 트레이닝을 가르치는 교재에는 자신을 관객석에서 바라보는 장면을 그려보길 추천한다. 하지만 경기력 수준을 높이려면, 자신이 경기하는 장면을 실제에 가깝도록 생생하게 구현하는 것이 더 효과적이다.

물론 기술을 비교하려면 프로선수의 교과서 같은 스윙이 담긴 화면을 떠올려야 할 것이다. 하지만 직접 해보는 것과 차이가 있기 때문에, 본인이 실제 경험에서 느낀 감각으로 만들어야 영상은 그만큼 가치가 있다.

이 점은 프레젠테이션이나 협상에도 동일하게 적용할 수 있다. 예를 들어, 상대의 질문에 막힘없이 대답하며 거래를 성사시키는 장면이나 프레젠테이션 참석자의 예상 질문에 자신만만하게 답변하는 본인의 모습을 그려

본다면 실전에서도 좋은 성과를 낼 수 있을 것이다.

이미지 트레이닝은 특별한 도구가 필요 없는 데다 시간이나 장소의 영향도 받지 않는다. 하루에 생각보다 많은 자투리 시간이 발생한다. 이 자투리 시간을 활용해 108페이지에 나오는 이미지 트레이닝 기본 테스트를 실행해보자. 분명 당신의 발전에 큰 도움이 될 것이다.

이미지 테스트를 활용하여 이미지 트레이닝의 고수가 되자

당신은 본인이 원하는 대로 특정 장면을 선명하게 떠올릴 수 있는가?

이미지 트레이닝 효과를 더 높이려면 영상을 자유자재로 떠올릴 수 있도록 요령을 익혀야 한다. 이를 위해서 평소에 틈틈이 머릿속에 영상을 떠올리는 습관을 들이길 바란다.

선명한 영상을 구현하는 데 표2를 활용하면 도움이 될 것이다. 표2의 이미지 트레이닝 기본 테스트는 10종류의 이미지를 글자로 표현했다.

먼저, 188페이지에 소개된 복식 호흡법을 실행하면서 테스트에 적힌 문구를 읽은 후 눈을 감고 5초 동안 그 장면을 머릿속에 그린다.

해당 장면이 또렷하게 떠올랐다면 5를 적고, 반대로 잘 떠오르지 않았다면 1을 적는다. 이 테스트는 50점이 만점이다. 미리 테스트 용지를 복사해서 하루 중 발생하는 여러 '자투리 시간'을 활용하여 이미지 트레이닝을 반복한다. 경험, 감각 등을 떠올리는 능력이 꾸준히 향상될 것이다.

표2 이미지 트레이닝 기본 테스트

아래에 적힌 이미지를 떠올려보고 선명한 정도를
0~4 중에 선택하여 적으시오.

> 1 : 전혀 떠오르지 않는다.
>
> 2 : 희미하게 떠오른다.
>
> 3 : 평범한 수준으로 떠올릴 수 있다.
>
> 4 : 상당히 선명하게 떠올릴 수 있다.
>
> 5 : 생생하게 떠올릴 수 있다.

1. (   ) 가족의 얼굴

2. (   ) 레몬

3. (   ) 온수 샤워

4. (   ) 차가운 수영장

5. (   ) 고등어구이 냄새

6. (   ) 좋아하는 아이스크림의 맛

7. (   ) 비행기 소음

8. (   ) 불꽃

9. (   ) 허벅지를 세게 꼬집혔다

10. (   ) 김치의 맛

제5장

압박감을 통제하는 기술을 익히자

강력한 심리적 압박감을 이기지 못해 실패하는 사람이 적지 않다. 그런 이유로 압박감을 역으로 이용할 수만 있다면, 승승장구할거란 말도 나온다. 이번 장에서는 사고 패턴을 긍정적으로 바꾸고, 압박감을 통제하는 방법을 설명한다.

스트레스 내성을 길러 압박감을 이겨내는 선수가 되자

승부를 결정짓는 가장 중요한 순간에는 언제나 압박감이 따른다. 이때, 일류 선수는 압박감을 긍정적으로 이용하고, 평범한 선수는 압박감을 해소할 대상으로 인식한다.

압박감에 강한 선수가 되려면 멘탈 트레이닝이 필수적이다.

스트레스는 받는 즉시 신체적 증상으로 나타난다. 표1에 실은 스트레스 진단지를 활용하여 압박감을 느끼는 상황에서 나타나는 생리적 반응 수준을 파악할 수 있다.

멘탈 트레이닝 교과서를 봐도 표1에 적힌 생리적 증상이 심해지면 경기력 저하를 초래하는 경우가 적지 않다고 나온다.

안타깝게도 경기 전에 나타나는 이런 스트레스 반응은 대부분이 생리적 현상이라 해소는 거의 불가능하다. 그렇기 때문에 현상을 해소하거나 완화하려는 노력보다는 이런 신호가 오히려 운동 수행에 긍정적인 영향을 준다고 생각해 보자.

결국은 압박감을 느낄수록 경기력이 좋아질 거라고 믿으며 압박감을 안은 채 상대 선수와 싸울 수밖에 없다.

다시 말해, 스트레스로 인한 생리적 불안을 줄이려 하기 보다는 자연스러운 현상으로 받아들이고 압박감에 동요하지 않도록 정신을 단련하는 것이 중요하다.

표1 스트레스 진단지

스포츠 현장에서는 스트레스로 인해 신체적 증상이 발생하는 경우가 있다. 압박감을 느낄 때, 아래에 적힌 상황에 대해 「네」 「아니오」 의 정도에 따라 적절한 숫자에 ○를 그리시오.

	네								아니오
심박수가 현저하게 증가한다.	10 9 8 7 6 5 4 3 2 1
호흡이 빨라진다.	10 9 8 7 6 5 4 3 2 1
근육이 긴장한다.	10 9 8 7 6 5 4 3 2 1
몸이 떨린다.	10 9 8 7 6 5 4 3 2 1
입 안이 마른다.	10 9 8 7 6 5 4 3 2 1
손이나 목덜미에 식은땀이 난다.	10 9 8 7 6 5 4 3 2 1
속이 좋지 않다.	10 9 8 7 6 5 4 3 2 1
화장실에 가고 싶다.	10 9 8 7 6 5 4 3 2 1
구토가 나올 것 같다.	10 9 8 7 6 5 4 3 2 1
어지럽다.	10 9 8 7 6 5 4 3 2 1

총 득점 ____점

심리적 압박감에 따른 생리적 반응 수준

80~100점	심리적 압박감으로 생리적 반응이 매우 크게 나타난다.
60~79점	심리적 압박감으로 생리적 반응이 다소 크게 나타난다.
40~59점	심리적 압박감으로 생리적 반응이 평균 수준으로 나타난다.
20~39점	심리적 압박감으로 생리적 반응이 다소 둔감하게 나타난다.
19점 이하	심리적 압박감으로 생리적 반응이 거의 나타나지 않는다.

뛰어난 선수일수록 긍정적인 사고 습관이 형성돼 있다. 그리고 이런 사고 습관 덕분에 실제 경기에서 높은 집중력을 발휘할 수 있다.

그렇다면 긍정적인 사고 습관이란 무엇일까?

만족스러운 경기를 펼쳤다면 어떤 선수든 말에 자신감이 묻어난다. 그러나 경기가 생각처럼 풀리지 않을 때 뛰어난 선수와 그렇지 않은 선수의 마음가짐에 분명한 차이가 발생한다.

이제부터 세계 정상급 선수가 되려면 꼭 필요한 3가지 사고 패턴을 소개하려 한다. 우선 첫 번째는 자기통제이다. 나는 본인의 감정이나 행동을 제어할 수 있는 자기 통제력이 높은 사람만이 최고의 자리에 오를 수 있다고 생각한다.

예를 들어, 평범한 선수는 위기를 극복하기 어려운 상황으로 여기지만, 일류 선수는 위기를 자신이 도약할 기회로 삼을 수 있다.

현존하는 세계 최고의 프로골퍼인 타이거 우즈는 2000년에 열린 제100회를 맞은 US오픈에서 2위와 무려 15타차라는 놀라운 스코어로 우승을 차지했다. 이 최다 타수차 우승은 US오픈 사상 유례를 찾아볼 수 없는 대기록이다.

타이거 우즈는 프로로 전향한 지 얼마 되지 않아서 번번이 우승과 멀어지는 슬럼프를 경험했다. 당시 타이거 우즈는 한 TV 인터뷰에서 이런 말을 했다.

"이건 신이 주신 시련이다. 이 시련을 극복하면 비로소 나는 진정한 프로가 될 수 있다. 그래서 나는 이 슬럼프를 즐겨볼 생각이다."

일이 뜻대로 되지 않을 땐, 나는 위기에 몰릴수록 강해진다고 생각해보자. 아니면 타이거 우즈처럼 위기를 진심으로 즐길 수 있어야 비로소 진정한 프로선수가 될 수 있다고 긍정적으로 생각하자. 이것이 바로 일류 선수의 마음가짐이다.

압박감을 조절하자

각 종목의 챔피언과 세계 최고 수준의 선수에게 관찰되는 또 하나의 특징은 압박감 조절이다. 마음의 여유가 없을 때 인간은 올바른 판단을 내릴 수 없다. 하지만 '위축'과 '긴장'이 나쁘기만 한 건 아니다. 오히려 투지의 표현일 때도 있다.

뛰어난 선수 중에는 '위축'과 '긴장'을 긍정적으로 바꿀 줄 아는 사람이 있다. 15년 전, 일본 랠리 선수권 대회에서 여러 번 우승을 거둔 프로 레이서인 사쿠라이 유키히코(桜井幸彦) 선수는 당시에 레이스 진후로 항상 '일부러 긴장하려고 노력했다'고 한다. 보통 선수와는 정반대의 사고방식이다.

사쿠라이 선수는 그 이유를 훗날 나와 나눈 대담에서 이렇게 밝혔다.

"레이스전에 일부러 긴장을 유도해 굳어있으면, 곧 긴장감이 최고조에 달합니다. 레이스가 시작되면 '긴장'은 흔적도 없이 사라진다는 걸 안다면, '긴장'은 아무런 문제가 되지 않습니다. 오히려 이 긴장감을 통해서 에너지를 모아둔다고 할 수 있습니다. 저에게 '긴장'은 레이스를 도와주는 조력자와 같습니다."

이렇게 '긴장'이나 '압박감'을 걱정하지 않는 자세를 배운다면 분명 '압박감 조절'이 경기력 향상으로 이어져, 당신도 일류 선수로 자리매김할 수 있다.

절대 승리를 포기하지 말자

세 번째 사고 패턴은 집념이다. 평범한 선수는 약간의 위기에도 쉽게 포기한다. 반면 뛰어난 선수는 승패가 정해질 때까지 절대 포기하지 않는다. 똑같은 재능을 지녔어도 집념의 차이가 승패를 가른다.

해당 경기 종목에 최적화된 재능을 타고났으면서도 항상 주전에서 제외되거나 아무도 기대를 걸지 않는 선수는 위기를 맞았을 때 쉽게 포기해버리는 공통점이 있다.

이런 부류의 선수는 본인의 실수에 너무 화가 난 나머지 스스로 무능한 선수라 낙인찍고 경기를 도중에 쉽게 포기해버린다. 진지하게 연습하지 않고, 언제나 불평하기 바쁜 선수도 마찬가지다.

전설적인 미식축구 선수인 빈스 롬바르디는 이렇게 말했다.

"무슨 일이 있어도 승리를 포기하지 않는다. 포기해버리는 사람은 절대 경기에 이길 수 없다."

최소한 '포기하는 습관'만 버려도 나름의 성과를 얻을 수 있다.

지금까지 설명한 3가지 사고 습관을 체득한다면, 어려운 상황에도 힘을 발휘할 수 있는 강인한 정신력의 소유자가 될 수 있다.

이 점은 비즈니스 세계에서도 통용된다. 앞에서 소개한 3가지 사고 습관을 길러 눈앞에 주어진 업무에 몰두하면, 당신도 비즈니스계의 챔피언이 될 수 있다.

압박감을 긍정적으로 활용하자

지금까지도 수많은 프로 스포츠 선수의 심리 상담을 담당하면서 선수들에게 "압박감을 느낄 때는 경기력이 더 좋아질 거라 믿으세요."라고 계속해서 강조한다.

내가 스승으로 모시는 미국의 대표적인 스포츠 심리학자인 짐 로허(Jim Loehr) 박사는 자신의 저서 『유쾌한 스트레스 활용법 7』(21세기 북스)에서 "현대를 사는 건 강한 압박감과 함께 살아간다는 의미이다."라고 말했다.

우리 인류는 천적인 짐승의 공격을 피해서 살아남은 선조의 DNA를 그대로 물려받았다. 압박감이 들면 혈액 속에 다량의 아드레날린이 분비되면서 주변 상황에 민감해질 뿐만 아니라 생각지 못한 괴력을 발휘하여 목숨을 위협하는 천적의 공격을 피해 달아날 수 있었다.

한편, 압박감을 부정적으로만 바라보면 접전 상황에서 열세에 몰릴 수밖에 없다. 스포츠 현장은 계속되는 접전 속에서 승부가 정해지는 경우가 대부분이다. 그렇기 때문에 압박감에서 자유롭길 바라는 선수가 있다면, 그 선수는 절대 승자가 될 수 없다.

압박감을 좋은 징조라 여기고, 그때의 감각을 기억하자. 이런 노력만으로도 당신의 집중력이 높아져서 경기력 역시 자연스럽게 상승할 것이다.

스포츠의 각성수준을 이해하자

각각의 스포츠 종목마다 최적의 각성수준이 존재한다. 각성수준을 알기 쉽게 표현하자면, 심신의 흥분 수준이라고 할 수 있다. 그림1은 각성수준과 운동 수행 능력 사이의 관계를 보여준다.

각성수준이 너무 낮거나 높으면, 본인이 지닌 잠재력을 충분히 발휘할 수 없다. 각성수준이 너무 낮으면, 반사 신경이 둔해지고, 동기 수준도 높아지지 않아서 당연히 운동 수행 능력은 하락한다. 반대로 각성수준이 너무 높으면, 초조하고 예민해져서 마찬가지로 운동 수행 능력이 떨어신다.

결론적으로 심신의 각성수준을 민감하게 의식하여, 본인의 종목에 맞는 최적의 각성수준으로 경기를 띌 수 있다면, 당신은 최고의 경기력을 발휘할 수 있을 것이다.

이를 위해서는 해당 경기의 특성을 이해하고 중요한 경기를 위해서 최적의 각성수준을 유지하는 능력이 필요하다. 그림2에 서로 다른 스포츠 기술에 필요한 최적의 각성수준을 표시하였으니 참고하여 활용하길 바란다.

다음으로 각성수준을 조절하는 구체적인 방법을 설명하려 한다. 각성수준이 지나치게 낮을 때는 각성수준을 높이는 심기향상(psyching up) 기법, 그리고 각성수준이 지나치게 높을 때는 각성수준을 낮추는 이완(relaxation) 기법이 필요하다.

그림1 각성수준과 운동 수행 능력 간의 상관관계

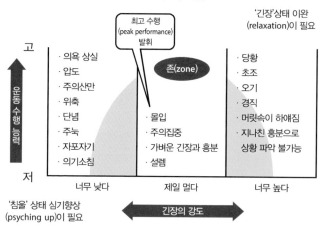

역U자 가설

그림2 서로 다른 스포츠 기술에 필요한 최적의 각성수준

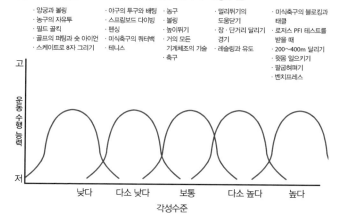

심기향상 기법과 이완 기법을 구체적으로 알아보자. 기본적으로 심기향상 기법을 반대로 하면 이완 효과를 볼 수 있다고 생각하면 된다.

우선 호흡법은 짧고도 강하게 호흡함으로써 자연스럽게 각성 수준이 올라간다. 반대로 천천히 느리게 호흡하면 불안과 긴장이 줄어든다.

또, 박자가 빠른 곡을 들으면 심기향상, 클래식이나 힐링이 되는 음악을 들으면 이완을 유도할 수 있다.

또 다른 방법은 목소리를 이용하는 것이다. 럭비 선수들이 경기 전에 럭커룸에 모여 기합을 넣는 장면을 본 적이 있을 것이다. 이런 행동도 중요한 심기향상 기법이다.

한편, 양궁이나 사격처럼 이완이 중요한 종목에서 경기 전이나 경기 중에 선수가 눈을 감고 명상에 빠져있는 것은 해당 종목 특유의 이완 방법이라 할 수 있다. 마음의 평정을 유지하는 데는 아침저녁으로 침대 위에서 3분 동안 명상하는 습관이 큰 도움이 된다. 이제 앞에서 설명한 방법을 실제로 현장에서 실시하여 심신의 반응을 살펴보는 일만 남았다.

물론 비즈니스 현장에서도 이 2가지 기법을 활용하여 각성수준을 본인이 원하는 대로 조절할 수 있어야 한다. 심기향상 기법과 이완 기법을 적절히 사용하여 습관화한다면, 각성수준을 자유자재로 통제할 수 있어서 결과적으로는 최고의 퍼포먼스를 발휘할 수 있게 된다.

심기 향상(psyching up) 기법

호흡법

고함

박자가 빠른 노래

이완(relaxation) 기법

호흡법

명상

클래식이나 힐링 음악

최고수행 지표로 본인의 상태를 확인하자

수면이나 식사에 세심하게 신경 쓰는 선수는 많지만, 아쉽게도 자신의 심리상태를 제대로 모니터링하는 선수는 극히 드물다.

항상 본인의 심리상태를 민감하게 파악하고 그날의 심리상태를 모니터링 한다면, 당신은 그날 경기에서 최고수행을 발휘할 수 있을 것이다. 나는 최고수행지표를 만들어 선수들에게 활용하도록 하고 있다. 표2에 나오는 20개의 질문에 대답하고 128페이지의 평가와 대조해보면 그날의 심리상태 수준을 간단하게 확인해볼 수 있다.

표2 최고 수행지표 (질문)

아래의 질문사항에 대답하시오. 질문을 읽고 「예」면
○를, 「아니오」면 X를 (　　) 안에 적으시오.

1. (　　) 머릿속에 항상 목표가 들어있다.
2. (　　) 목표를 설정하고 목표 달성을 위해 노력하는 것을 좋아한다.
3. (　　) 목표 설정 수준이 적절하다.
4. (　　) 항상 목표를 점검한다.
5. (　　) 경기 전에 의욕을 불러오는 말을 되뇌는 습관이 있다.
6. (　　) 자기암시의 힘을 믿는다.
7. (　　) 최고의 경기력을 이끌어내는 마법의 단어가 있다.
8. (　　) 매일 연습일지에 좋아하는 혼잣말을 적는다.
9. (　　) 이미지 트레이닝에 큰 흥미가 있다.
10. (　　) 과거에 경험한 최고의 순간을 떠올리는 것을 좋아한다.
11. (　　) 이미지를 선명하게 떠올릴 수 있는 능력이 있다.
12. (　　) 잠깐의 여유가 생기면 이미지를 떠올린다.
13. (　　) 실전에도 압박감을 잘 느끼지 않는다.
14. (　　) 압박감을 극복할 자신이 있다.
15. (　　) 나는 금방 털고 일어난다.
16. (　　) 중요한 경기를 앞두고 느끼는 압박감은 대환영이다.
17. (　　) 집중력을 높이는 구체적인 트레이닝을 습관화한다.
18. (　　) 눈앞의 경기에 쉽게 집중할 수 있다.
19. (　　) 정신이 흐트러져있다가도 금방 집중모드로 바꿀 수 있다.
20. (　　) 명상하는 습관이 있다.

질문1~4 : 목표설정
질문5~8 : 자기암시
질문9~12 : 이미지 트레이닝
질문13~16 : 압박감 조절
질문17~20 : 집중력

질문은 크게 심리기술 5가지를 확인할 수 있도록 만들었다. 각 심리기술과 관련된 4개의 질문에 대답하고 점수를 합산하면 어떤 심리기술 요인에 문제가 있는지를 정확히 파악할 수 있다.

그리고 가능하다면 기상 후와 취침 전에 작성해보길 바란다. 본인의 심리기술이 지닌 장점과 단점을 명확하게 알 수 있을 것이다.

챔피언도 슬럼프를 겪는다. 다만, 빨리 회복할 뿐이다. 자신의 문제점을 다른 누구보다 빨리 파악해서 즉각 해결에 나서기 때문이다. 반면 평범한 선수는 슬럼프에 빠지면 지금보다 더 연습에 매달릴 뿐 심리적인 문제엔 무관심하기 때문에 슬럼프에서 좀처럼 헤어 나오지 못한다.

격한 연습만이 슬럼프에서 빠져나갈 유일한 길이라는 잘못된 믿음으로 연습량과 강도는 점점 늘어간다. 하지만 안타깝게도 근본적인 문제는 전혀 해결되지 않았기 때문에 심각한 좌절감만 느낀 채 상황은 계속해서 악화될 뿐이다.

최고 수행 지표를 매일 활용한다면, 당신은 본인의 문제점을 즉시 깨닫고 슬럼프에서 어렵지 않게 탈출할 수 있다.

최고 수행 지표(평가)

질문에 대한 O의 개수가 4개	당신은 아주 뛰어납니다.
질문에 대한 O의 개수가 3개	당신은 보통 수준 이상입니다.
질문에 대한 O의 개수가 2개	당신은 보통 수준입니다.
질문에 대한 O의 개수가 1개	당신은 보통 수준 이하입니다.
질문에 대한 O의 개수가 0개	당신은 상당히 부족한 수준입니다.

항상 경기 전후의 심리상태를 파악하자

최고의 스포츠 선수는 자신의 심리상태에 굉장히 민감하다. 무작정 노력만 하는 것이 아니라 평소에 본인의 심리상태가 어떤지를 주시하는 습관이 있다. 또한, 올바른 방향으로 노력한다면, 경기력은 자연스레 올라가고, 결과는 저절로 따라온다고 생각한다.

표3은 심리상태 자가 점검표이다. 표를 복사하여 주기적으로 작성해 본다. 이 점검표는 최고의 경기와 최악의 경기를 비교할 수 있을 뿐 아니라 훈련과 경기 전후의 심리상태를 점수로 비교하기 때문에 연습 메뉴를 개선할 필요성이나 어떤 조언이 적절한지를 확실히 확인할 수 있다.

가능한 높은 점수를 받을 수 있도록 평소에 연습 메뉴나 조언을 고민하며 활용하는 것이 좋다. 표의 12개 항목을 의식하면서 연습하거나 경기에 나선다면, 더욱 뛰어난 경기력을 발휘할 수 있다. 평소에 어떤 심리상태로 연습하는지가 실전 경기력을 좌우한다는 의미이다. 합계 점수에 따른 심리능력 기준을 132페이지에 실어놓았으니 참고가 하길 바란다.

최고의 경기와 최악의 경기는 심리상태가 어떻게 다른지 확실히 기억하여 최고의 경기 때와 최대한 비슷한 심리상태를 유지하기 위해 노력하는 것이 중요하다.

때로는 식사나 수면이 승패를 가르기도 한다. 심리적, 기술적, 신체적 요소만이 아니라 스포츠와는 전혀 관련 없는 사항이 승패에 큰 영향을 주는 사례도 많다.

표3 심리상태 자가 점검표

최고의 경기와 최악의 경기 후의   20___년 ___월 ___일
심리상태 자가 점검표

최고의 경기, 최악의 경기를 마친 후에 각각 자신의 실제 느낌에 가까운 숫자를 체크하시오.

긍정적인 에너지		부정적인 에너지
몸(근육)이 이완됐다.	5 4 3 2 1	몸(근육)이 긴장했다.
차분하고 냉정했다.	5 4 3 2 1	혼란스럽고 동요되었다.
불안하지 않았다.	5 4 3 2 1	매우 불안했다.
에너지가 가득했다.	5 4 3 2 1	에너지가 부족했다.
적극적이었다.	5 4 3 2 1	소극적이었다.
매우 즐거웠다.	5 4 3 2 1	전혀 즐기지 못했다.
억지로 노력한 느낌은 없다.	5 4 3 2 1	노력하려 애썼다.
몸이 자연스럽게 플레이했다.	5 4 3 2 1	플레이보다 생각이 앞섰다.
자신감이 넘쳤다.	5 4 3 2 1	자신감이 없었다.
주의력이 높았다.	5 4 3 2 1	주의력이 산만했다.
자기통제가 가능했다.	5 4 3 2 1	자기통제가 안 됐다.
경기에 집중했다.	5 4 3 2 1	경기에 집중하지 못했다.

최고의 경기 총 점수____점   **최악의 경기 총 점수____점**

· 가족 혹은 친구와 다퉜다.

· 경기장으로 가는 길에 원래 타려고 했던 지하철을 놓쳤다.

· 최근에 팀 분위기가 좋지 않다.

· 단순한 수면 부족이다.

이런 사소한 요소도 놓치지 말고 제대로 파악하여 경기가 잘 풀리지 않는 원인을 찾아낸다. 이런 노력이 집중력을 발휘할 수 있는 토대가 되어, 최고의 경기력을 발휘해, 경기를 승리로 이끌 수 있다.

위의 점검표는 운동선수를 위해 만들었지만, 본인에게 맞도록 수정하여 비즈니스용으로도 활용할 수 있다. 점검표를 효과적으로 활용한다면 압박감을 오히려 자신에게 유리한 방향으로 이용하여 팀의 승리를 이끌 수 있을 것이다.

심리상태 자가 점검표의 평가

50~60점	당신의 심리상태는 최고 수준입니다.
40~49점	당신의 심리상태는 양호합니다.
30~39점	당신의 심리상태는 평균 수준입니다.
20~29점	당신의 심리상태는 다소 좋지 않습니다.
12~19점	당신의 심리상태는 상당히 좋지 않습니다.

제6장

집중력을 높여
빠른 실력 향상을 실현하자

아무리 뛰어난 선수라도 집중력이 저하된 상태로는 좋은 결과를 낼 수 없다. 이 장에서는 현재의 집중력 수준을 알아보는 테스트, 주의집중 수준 4가지에 대한 지식, 다양한 트레이닝을 통한 집중력 수준 향상법을 소개한다.

스포츠에서 실력 향상의 열쇠는 집중력!

심리기술 중 집중력은 아주 중요한 구성 요인이다. 매일 반복되는 고된 훈련을 견디고, 아무리 훌륭한 스포츠 재능을 타고났어도 정작 실제 경기에 집중하지 못해 뜻하지 않은 결과를 맞는다면 너무 아까운 일일 것이다.

집중력이란 눈앞의 과업에 의식을 100% 모으는 힘을 말한다. 집중력의 본질을 이해하고, 훈련을 통해 집중력을 높인다면 당신의 집중력은 한 단계 더 올라갈 것이다.

우리의 뇌는 동시에 2가지 의식을 떠올리는 게 사실상 불가능하다.

그 예로 골프 경기에서 공을 치는 순간 '이 홀을 파(PAR)로 끝낼 수 있다면 좋을 텐데'라는 잡념이 들면, 그 샷은 OB 구역으로 사라질 운명을 맺는다. 공을 칠 때의 심리상태는 무의 경지에 이르는 것이 가장 이상적이다.

이를 위해서 집중력을 높이는 훈련이 존재하는 것이다. 설사 잡념이 떠올라도 눈앞의 동작에 의식을 모을 수 있다면, 당신은 상당히 높은 수준의 집중 상태를 유지할 수 있다.

그럼, 이제 당신의 현재 집중력 수준을 확인해보자. 우선 표1의 집중력 자가 진단표를 복사하여 20개의 질문에 솔직하게 대답하면 된다.

이 표는 점수가 중요한 것이 아니다. 현재 당신의 집중 수준을 파악하는 데 목적이 있다. 20개의 질문에 솔직하게 대답하고 점수를 합산해 총득점을 적는다. 그리고 아래에 있는 평가를 참고하여 현재 본인의 집중 수준을 파악하면 된다.

이제부터 집중력을 높이는 몇 가지 요소와 구체적인 훈련 방법을 알아보도록 한다.

표1 집중력 자가 진단표

아래의 질문에 솔직하게 대답하여 가장 적합한 숫자에 ○를 그리시오.

	네			아니오
1 나는 무슨 일에든 쉽게 몰두한다.	4	3	2	1
2 경기 중에 감정적으로 변할 때가 있다.	1	2	3	4
3 나는 금방 싫증내는 성격이다.	1	2	3	4
4 집중력의 중요성을 자각하고 있다.	4	3	2	1
5 최근에 스트레스를 자주 받는다.	1	2	3	4
6 기분을 전환하는 나만의 방법이 있다.	4	3	2	1
7 운동선수로서 공포와 불안을 안고 있다.	1	2	3	4
8 의식적으로 편안히 휴식하기 위해 노력한다.	4	3	2	1
9 힘들고 고된 훈련으로 집중이 흐트러지는 경우가 있다.	1	2	3	4
10 집중력을 높이는 구체적인 훈련 방법을 알고 있다.	4	3	2	1
11 지금 열중하고 있는 일이 있다.	4	3	2	1
12 단순한 연습도 마지막까지 집중력을 유지한다.	4	3	2	1
13 눈 앞의 경기에 집중하지 못할 때가 있다.	4	3	2	1
14 현재 연습에 악영향을 주는 고민을 안고 있다.	1	2	3	4
15 나는 낙관주의자이다.	4	3	2	1
16 집중력을 높이는 구체적인 훈련을 실행하고 있다.	4	3	2	1
17 부정적인 혼잣말을 하는 버릇이 있다.	1	2	3	4
18 경기 중에 실패로 동요하는 경우가 있다.	1	2	3	4
19 경기 내내 집중력을 유지할 자신이 있다.	4	3	2	1
20 주변 소음이 신경 쓰여 연습에 지장이 생기는 경우가 있다.	1	2	3	4

총 득점 ____점

집중력 자가 진단표의 평가

70점 이상	당신의 집중력은 최고 수준입니다.
57~69점	당신의 집중력은 뛰어난 수준입니다.
44~56점	당신의 집중력은 평균 수준입니다.
31~43점	당신의 집중력은 다소 부족합니다.
30점 이하	당신의 집중력은 상당히 부족합니다.

4가지 유형의 주의집중을 이해하자

집중력이 향상됐어도 집중력을 상황에 맞게 사용하지 못하면 훌륭한 경기력은 발휘할 수 없다. 초점을 맞추는 대상은 2가지 기준에 따라 분류된다.

하나는 집중 방향이다. 집중의 대상이 자신의 '내부'에 있는지, '외부'에 있는지를 생각해보자. 다른 하나는 집중 범위이다. 대상이 '넓은 범위'인지 '좁은 범위'인지가 중요하다.

이 내용을 그림1에 유형별로 정리했다. 1은 넓은 내적 주의집중, 2는 넓은 외적 주의집중, 3은 좁은 내적 주의집중, 4는 좁은 외적 주의집중이다.

이제 주의집중의 4가지 유형에 대해 간단히 설명해보겠다.

140

그림1 주의집중의 4가지 유형

1 내적 방향으로 넓은 범위에 초점을 맞춘다.

훈련과 경기를 최상의 상태로 수행하기 위해서는 과거의 운동 수행이나 경험을 분석하는 것이 중요함.

2 외적 방향으로 넓은 범위에 초점을 맞춘다.

실제 경기에서 상황에 맞게 플레이하려면 전체적인 외부 환경에 주의를 기울여야 함.

3 내적 방향으로 좁은 범위에 초점을 맞춘다.

실제로 몸을 움직이기 전에 머릿속으로 연습하여 경기력을 높임.

4 외적 방향으로 좁은 범위에 초점을 맞춘다.

실제 경기 중에 경기와 직접 관련된 단서에만 주의를 집중하여 본인의 능력을 100% 발휘 함.

우선, 첫 번째로 넓은 외적 주의집중은 다가오는 경기에 대비해 전략을 세우기 위해 필요하다. 과거의 경기를 분석하거나, 앞으로 치를 경기 전략을 짜는 데 의식을 집중한다.

다음은 넓은 내적 주의집중으로, 경기 전체를 바라보고 적절한 행동을 결정하는 데 사용한다. 축구를 예로 들면, 다른 선수의 움직임을 감지하여 앞으로 자신이 어떻게 움직여야 할지를 판단할 때 필요하다.

그리고 좁은 내적 주의집중은 예를 들어, 본인의 특정한 신체적 감각을 떠올리는 데 사용한다. 심리적 시연에 익숙한 선수라면 이 유형을 사용하여 뛰어난 기량을 발휘할 수 있다.

마지막으로 좁은 외적 주의집중은 예를 들어, 축구 경기에서 페널티 킥을 차기 직전 공에 의식을 집중하여 발을 정확하게 움직일 때 필요하다.

4가지 유형의 주의집중을 상황에 따라 확실하게 구분해서 사용한다면, 선수 본인의 잠재력을 최대한 발휘할 수 있을 것이다.

4가지 수준의 주의집중을 이해하자

집중력에는 4가지 단계가 있다. 미국의 테니스 코치인 티모시 골웨이 (Timothy Gallwey)는 집중력을 4가지 심리 수준으로 분류했다(그림2).

먼저, 가장 낮은 집중 수준은 단순한 주의집중이다. 이 수준은 예를 들어, 축구 경기에서 선수 본인에게 공이 없을뿐더러 공이 자신에게 올 확률이 낮은 상태이다. 공이 상대 진영에 있을 때 골키퍼의 집중 수준도 여기에 해당한다. 시각 정보에 의지해서 대상을 단순하게 인식하는 비교적 낮은 수준의 집중 상태이다.

그림2 4가지 수준의 집중 상태

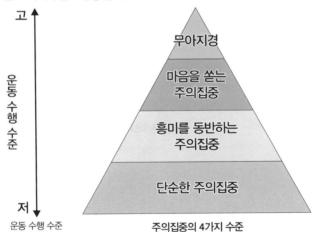

단순한 주의집중	흥미를 동반한 주의집중

마음을 쏟는 주의집중	무아지경

축구 경기 90분 내내 최고 수준의 집중력을 유지하는 일은 불가능하다. 집중력도 스위치처럼 'ON'과 'OFF'를 확실히 구분하면 중요한 상황에 높은 수준의 집중력을 유지할 수 있다. 그렇기 때문에 특별한 집중력이 필요 없는 상황에서는 단순한 주의집중 수준의 집중 상태에 머물면 된다.

다음은 흥미를 동반한 주의집중이다. 축구의 경우, 공을 보유하고 있지 않아도 언제든 자신에게 공이 올 수 있어서 적극적으로 경기에 참여해야 하는 상황이다. 골키퍼라면, 공이 본인 팀 진영으로 넘어왔을 때 갖는 약간의 긴장을 동반한 집중 수준이다.

3번째는 마음을 쏟는 주의집중 수준이다. 선수 자신이 볼을 가지고 있을 정도로 실제 경기에서 중심적인 존재일 때, 또는 페널티 킥을 막아야 하는 골키퍼의 집중 수준이 여기에 해당한다. 공에 집중하지 않으면 좋지 않은 결과를 불러올 게 분명한 상황이다.

그리고 4번째는 최고 수준의 집중 상태인 무아지경이다. 선수가 골대를 향해 슛을 할 때, 또는 상대팀 선수가 페널티 킥을 찬 직후에 골키퍼가 본능적으로 몸을 날리는 순간에 필요한 최고 수준의 집중 상태를 가리킨다.

이렇게 상황에 따라 집중력을 재빨리 전환할 수 있다는 것은 최고의 선수라는 증거이다. 다시 말해, 최고의 집중 수준인 '무아지경' 상태를 항상 유지하려고 노력하는 것이 아니라 상황마다 집중력을 조절해서 4종류의 집중 수준을 자유자재로 전환할 수 있어야 한다.

① '시선 컨트롤' 훈련이 집중력을 높여준다.

집중력 수준과 시선의 움직임은 깊은 관련이 있다. 마음이 초조하거나 불안할 때 시선은 정신없이 움직인다. 반대로 시선을 한 곳에 고정하면, 집중력을 높일 수 있다.

이미 수많은 선수가 시선을 통제하는 기술을 사용하고 있다. 예를 들어, 골프 선수 타이거 우즈는 공을 치기 전에 항상 공이 떨어져야 할 지점을 약 10초 동안 미동조차 없이 가만히 응시하는 습관이 있다. 이런 의식을 치르는 동안 자연스럽게 집중력이 높아진다는 사실을 타이거 우즈는 알고 있었던 것이다.

타이거 우즈의 이런 행동은 비즈니스 현상에서도 응용할 수 있다. 예를 들면, 중요한 회의가 시작되기 직전에 이따금 자신의 검지손가락 끝에 10초 동안 시선을 고정하면, 집중력이 높아진 상태에서 회의에 참여할 수 있다.

다만, 너무 가까운 곳에 시선을 계속 고정하면 눈이나 뇌가 피로해져 결과적으로는 집중력이 유지될 수 없다. 이럴 때는 멀리 있는 경치를 바라보는 행동이 눈의 피로를 풀어주는 데 효과적이다.

여기서 더 나아가 눈의 피로를 풀어주는 동시에 집중력을 단련하는 방법을 소개하겠다. 본인의 검지손가락 끝과 멀리 있는 나무 같은 목표물을 1초씩 번갈아 가며 쳐다본다. 이때, 두 대상을 바라보는 눈의 초점이 확실히 맞아야 한다. 이 방법을 실행하면, 눈 근육이 강화 될 뿐만 아니라 일정 시간 동안 한 곳에 시선을 고정해도 눈이 피곤해지지 않아 더 쉽게 집중할 수 있다.

② '네덜란드 공군식 훈련법'으로 집중력 수준을 끌어올리자

그림3은 실제 네덜란드 공군의 집중력 훈련 방법으로 이 훈련에서 일정 수준 이하의 성적을 받은 조종사는 비행에서 제외된다.

그림 간단하게 훈련 방법을 설명하자면, 일단 스톱워치나 메모지가 필요하다. 준비된 그림에는 A~Z까지의 알파벳과 1~9까지의 숫자 여러 개가 무작위로 적혀있다.

먼저, 마음에 드는 알파벳이나 숫자를 하나 정한다. 스톱워치를 켜고서 자신이 정한 알파벳 또는 숫자가 표 안에 몇 개 있는지를 최대한 빨리 세서 맞추면 된다.

제한 시간은 10초이며, 158페이지에서 정답을 확인한다. 알파벳이나 숫자를 바꿔서 5번 시도하여 1번이라도 오답이 나오면 낙제이다. 같은 방법으로 테스트를 한 번 더 반복해본다.

오답이 없다면, 이번에는 알파벳이나 숫자를 2개 골라서 실시한다. 제한 시간은 알파벳이나 숫자 하나당 10초이다. 골라야 하는 숫자나 알파벳 수가 많을수록 그만큼 집중해야 하는 시간도 길어진다.

이 훈련을 '자투리 시간'을 활용해서 하루에 여러 번 실행해보자. 1주일 정도 꾸준히 한다면, 당신의 집중력도 조종사 수준으로 향상될 것이다.

그림3 네덜란드 공군식 훈련

```
D  3  4  6  C  I  N  Z  K  N  D  P  I
E  A  2  L  8  5  G  K  L  O  F  Q  J
P  E  H  6  1  Y  V  D  V  R  B  U  M
N  O  X  F  A  S  H  9  A  3  S  X  Y
U  J  F  C  7  R  A  T  W  B  1  K  W
4  V  D  Q  K  2  D  M  Q  O  4  M  2
P  K  5  S  M  Z  H  7  L  P  Q  5  G
6  Z  O  7  8  5  G  X  N  6  3  F  1
J  4  H  I  J  C  Y  F  K  H  9  B  N
T  Y  V  L  1  R  G  9  W  8  T  S  S
```

③ '선 따라가기 훈련'으로 즐겁게 집중력을 높여보자

이 훈련은 시각적인 집중력을 높이는 효과가 있다. 훈련 중에 조금이라도 집중이 흐트러지면 정답을 맞출 수 없다.

방법은 간단하다. 그림4에 나오는 복잡하게 엉킨 선을 위에서부터 번호 순서 대로 눈으로만 따라간다. 이때 손이나 펜을 사용해서는 안 된다.

선을 따라 오른쪽에 도착했다면, 빈칸에 출발점의 번호를 적는다. 제한 시간은 1분이며, 알람 기능이 있는 시계나 스톱워치를 사용하거나 파트너에게 부탁해서 시간을 잰다. 정답을 맞히면 한 문제당 1점이 가산되고, 만점은 10점이다. 물론 이 문제는 만점을 목표로 한다. 집중력이 떨어지면 선이 교차하는 곳에서 다른 선으로 시선이 이동하여 오답이 나오므로 주의해야 한다. 정답은 159페이지에 적혀있다.

제한 시간을 설정하는 대신 소요 시간을 측정할 수도 있다. 이때도 정답을 맞히면 한 문제당 1점이고 10점이 만점이다. 만약에 1분 이상 걸리면 5초당 1점씩 감점하고, 1분 이내라면 5초당 1점씩 가산한다.

그림4 선 따라가기 테스트

답

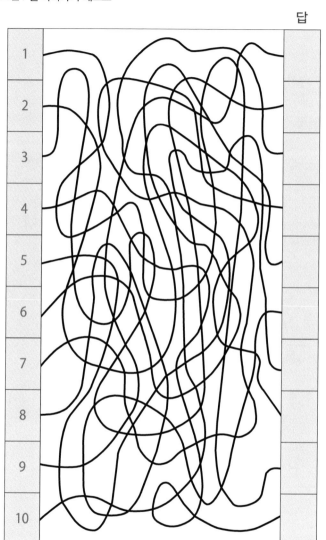

④ '그리드 테스트'로 집중력을 강화한다

다음으로 그림5를 활용한 집중력 훈련법이다. 그림에는 00부터 99까지 100개의 숫자가 임의로 적혀있다.

스톱워치를 준비해서 시간을 재기 시작한다. 00부터 순서대로 01, 02, 03…09까지 숫자를 찾아서 해당 숫자에 ○를 그린다. 이렇게 09까지 찾는 데 걸린 시간을 측정한다.

그림 아래에 소요 시간을 적는 칸이 있으므로, 순서대로 시간을 기록하면 된다. 예로 든 00~09 외에도 10~19, 20~29 이런 방식으로 숫자를 나눠 90~99까지 10종류의 유닛으로 훈련할 수 있다. 10종류의 유닛 중 마음에 드는 5개를 선택해서 훈련을 진행한다. 이때 평균 소요 시간이 당신의 성적이다. 하루에도 여러 번 반복해서 훈련해보길 바란다. 이 책의 마지막 장에 있는 '10분 성공 노트'의 집중력 훈련에도 이 그리드 테스트를 사용한다.

이 훈련을 습관화한다면, 당신의 집중력은 분명 꾸준히 향상될 것이다.

그림5 그리드 테스트

84	27	51	78	59	52	13	85	61	55
28	60	92	04	97	90	31	57	29	33
32	96	65	39	80	77	49	86	18	70
76	87	71	95	98	81	01	46	88	00
48	82	89	47	35	17	10	42	62	34
44	67	93	11	07	43	72	94	69	56
53	79	05	22	54	74	58	14	91	02
06	68	99	75	26	15	41	66	20	40
50	09	64	08	38	30	36	45	83	24
03	73	21	23	16	37	25	19	12	63

소요 시간   마음에 드는 유닛을 5개 선택해 훈련을 실시하고,
소요 시간을 측정하시오.

00~09: ____분 ____초   50~59: ____분 ____초

10~19: ____분 ____초   60~69: ____분 ____초

20~29: ____분 ____초   70~79: ____분 ____초

30~39: ____분 ____초   80~89: ____분 ____초

40~49: ____분 ____초   90~99: ____분 ____초

평균시간 ____분 ____초

⑤ '순간 지각 능력 훈련'으로 집중력을 높이자

무언가를 순간적으로 보고 그 짧은 순간에 해당 장면을 읽어내 인식하는 데는 높은 집중력이 필요하다. 이런 능력을 기른다면 실제 경기에서 높은 집중력을 발휘할 수 있을 것이다.

그럼, 이제 훈련방법을 간단하게 알아보자. 그림6에 ○와 X가 9개에서 36개까지 그려진 패턴이 각각 3개씩 총 12개 제시되어 있다. 이 중에서 우선 9개짜리 패턴을 3초간 바라본다.

3초 뒤에 페이지를 덮고 종이를 꺼내서 방금 본 패턴을 떠올리며 그대로 그려본다. 하나라도 틀려선 안 되며, 완전히 똑같이 그릴 수 있을 때까지 반복한다. 패턴을 똑같이 그리는 데 성공했다면 조금 더 어려운 패턴에 도전해 본다. 몇 번을 해봐도 잘 안 된다면 패턴을 보는 시간을 5초, 7초, 10초로 늘려도 된다. 다만, 최종적으로는 3초 만에 정확히 기억할 수 있도록 훈련해야 한다.

여기에는 12가지 패턴이 실렸지만, 책을 90도씩 회전시켜 화살표 방향대로 바라본다면 하나의 패턴을 총 4가지 서로 다른 패턴으로 활용할 수 있다. 즉, 총 48가지 패턴으로 훈련할 수 있는 셈이다.

가장 어려운 36개 패턴을 3초간 바라보고 나서 똑같이 그려낼 수 있다면 당신의 집중력은 최고 수준에 이르렀다고 할 수 있다.

그림6 순간 지각 능력 훈련

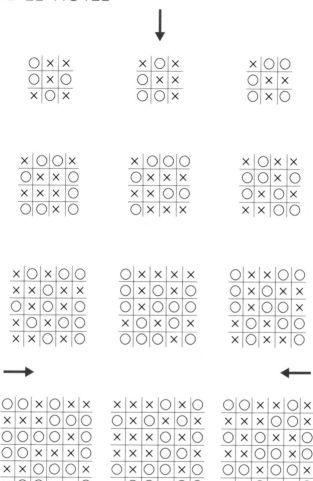

그림3 정답

1	(4개)	A	(4개)	J	(4개)	S	(5개)
2	(3개)	B	(3개)	K	(6개)	T	(3개)
3	(3개)	C	(3개)	L	(4개)	U	(2개)
4	(4개)	D	(5개)	M	(4개)	V	(4개)
5	(4개)	E	(2개)	N	(5개)	W	(3개)
6	(4개)	F	(5개)	O	(4개)	X	(3개)
7	(3개)	G	(4개)	P	(4개)	Y	(4개)
8	(3개)	H	(5개)	Q	(4개)	Z	(3개)
9	(3개)	I	(3개)	R	(3개)		

그림4 정답

답

1	9
2	3
3	10
4	7
5	6
6	8
7	5
8	2
9	1
10	4

제7장

강인한 정신력을 기르자

심리적으로 강인해지려면 4종류의 심리영역을 이해하고, 자신이 어떤 상태이며 어떻게 해야 회복할 수 있는지 그 방법을 알아야 한다. 이 장에서는 심리상태를 건강하게 유지하기 위한 정신력 이론 실천법에 대해 설명한다.

경기에 나서는 선수라면 본인의 심리상태가 어떤 영역에 속하는지 파악하는 일이 매우 중요하다. 평소에 주기적으로 본인의 심리상태가 속한 영역을 확인하도록 하자. 지도자 역시 선수들의 심리상태를 파악해둔다면 선수결정이나 교체 등 경기 전략을 세우는 데 도움이 된다.

나를 스포츠 심리학의 세계로 인도해준 저명한 스포츠 심리학자인 짐 로허 박사는 사람의 마음을 4종류의 심리 영역으로 분류했다. 심리적으로 강인해지기 위해서는 이 4종류의 영역을 이해하는 것이 중요하다(그림1).

그림1에서 가로축은 심리적인 상태로 쾌·불쾌를 나타내고 세로축은 동기 수준을 나타낸다. 물론 위로 올라갈수록 성취 의욕이 높은 상태를, 아래로 내려갈수록 성취 의욕이 낮은 상태를 의미한다.

그림의 오른쪽 위는 최고의 심리상태인 높은 긍정 영역이다. 로허 박사는 이 부분을 절정 영역이라 이름 붙였다. 윔블던 챔피언은 이 심리상태로 관중의 환호를 받으며 당당하게 홈코트인 센터코트에서 상대와 대결한다.

그렇다면 챔피언과 맞붙는 상대 선수의 심리상태는 어떨까? 상대 선수는 왼쪽 위의 높은 부정 영역에 속할 것이다. 성취 의욕은 높지만, 심리적으로 불안한 상태이다.

높은 부정 영역이 장기간 지속되면, 최악의 영역인 낮은 부정에 빠지고 만다. '연습에 나가기 싫다', '아침에 일어나는 게 괴롭다'라는 감정이 들고, 여기서 더욱 악화되면 은둔이나 우울 상태가 된다.

마지막으로 오른쪽 아래의 낮은 긍정 영역이 있다. 로허 박사는 이 영역을 가리켜 이완 영역이라고 불렀다. 연습은 잊고 취미가 된다. 취미, 이벤트, 맛집에 열중하며 인생을 즐기는 시간대이다.

그림1 강인한 정신력 4가지 심리영역

동기 수준

고

B

높은 부정 정서
초조하다
높은 긍정 정서는 에너지
수준은 높지만, 너무 흥분한
나머지 초조한 상태이기
때문에 생각만큼 충분한
기량을 발휘할 수 없다.

A

높은 긍정 정서
의욕이 있다
높은 긍정 정서는
의욕적이고 도전적이며
경쟁심이
가득한 상태이다.

불쾌 ——————————————— 쾌

D

낮은 부정 정서
의욕이 없다
낮은 부정 정서는
경쟁심이 없고
무기력한 상태이다.

C

낮은 긍정 정서
이완되다
낮은 긍정은
높은 긍정 정서와는 달리
심리적으로 이완되어
기분이 충만하고
안정된 상태이다.

저

동기수준

167페이지에 4가지 심리영역 진단지가 나와 있다(그림2). 본인의 심리상태가 지금 어떤 영역에 있는지를 하루에 7~8번씩 3시간 간격으로 확인해보자. 그리고 심리상태를 표현한 숫자 위에 시각을 분 단위로 기록한다.

아마 처음에는 점수를 매기기가 망설여질 것이다. 그럴 땐 너무 깊이 생각할 것이 과감하게 결정한다. 어차피 이 표를 계속 사용하는 동안에 자신의 심리상태를 파악하게 되면서 몇 점이 알맞은지 저절로 알게 될 것이다. 다만, 주의할 점은 진단지에 점수를 표시한 다음에는 반드시 그 위에 시각을 기록해야 한다.

처음에는 대부분이 왼쪽 영역에 해당할 것이다. 그러나 진단지를 일상적으로 사용하다 보면 연습 중에는 오른쪽 위의 높은 긍정 영역, 연습이 끝난 뒤에는 오른쪽 아래의 이완 영역에 주로 머문다는 사실을 깨닫게 된다. 한 가지 분명히 알아둘 점은 이 그림으로는 당신의 심리상태를 개선할 수 없다는 것이다.

나중에 언급할 '의욕을 북돋아 주는 문장', '활력 체크 리스트', '행동력 체크리스트'와 이 진단지는 함께 사용해야 한다. 이 중 하나라도 빠진다면 효과는 반으로 줄어든다. 이 4가지 심리 진단지를 꼭 함께 사용하길 바란다.

물론 비즈니스 현장에서도 이 진단지를 활용할 수 있다. 로허 박사는 미국 대기업 중역의 심리 상담사로도 활동중이다. 안타깝게도 미국 중역들의 80%가 스트레스 상태에 있다는 진단이 나왔다.

비즈니스 상황에서도 항상 '높은 긍정' 상태로 업무에 집중한다면, 일이 순탄하게 진행될 뿐만 아니라 업무 성과도 꾸준히 올라갈 것이다. 이제 본인의 심리상태가 어떤 영역에 있는지 민감하게 반응하며 확인하는 습관을 들이도록 하자.

정신적 에너지를 보충하자

운동선수의 경기력은 신체적 요인과 심리적 요인의 총합에 큰 영향을 받는다. 신체적 요인과 심리적 요인 중 어느 한쪽이라도 부족하면 경기력 수준은 저하되고 만다.

다시 말하면, 신체적, 심리적 요인을 모두 높은 수준으로 유지하는 데는 경기장 밖에서 이루어지는 관리와 훈련이 중요한 역할을 한다.

실전에서 집중력을 유지해 최고의 경기력을 발휘하려면 반드시 로허 박사가 제창한 정신력 이론을 이해해야 한다. 다른 학자들이 경기장 안에서 필요한 심리기술 향상을 연구하는 데 열을 올릴 때 로허 박사는 오로지 회복이라는 주제에 몰두했다.

그림2 정신력의 에너지 그래프

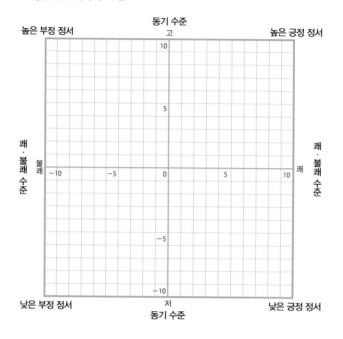

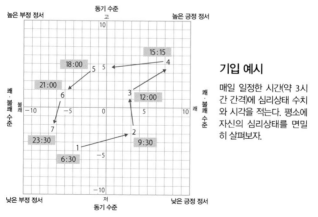

기입 예시

매일 일정한 시간(약 3시간 간격)에 심리상태 수치와 시각을 적는다. 평소에 자신의 심리상태를 면밀히 살펴보자.

그리고 연구 끝에 평범한 선수가 챔피언에게 패배하는 이유는 재능이 부족해서가 아니라 회복력에 문제가 있기 때문이라는 결론을 내렸다.

로허 박사는 정신력 에너지라는 척도를 통해 이를 설명했다. 정신력 에너지란, 집중력과 정신력의 원천이 되는 에너지로 마음의 연료와 같은 것이다. 선수들은 경기장에서 이 에너지를 소진한다.

자동차의 연료 탱크를 떠올려보면 알 수 있듯이 기름을 다 사용해서 연료 탱크가 바닥나 버리면 자동차는 제대로 달릴 수 없다.

하지만 안타깝게도 우리의 신체는 자동차처럼 연료 게이지가 없어서 심리적 에너지가 소진됐는데도 알아차리지 못하는 선수가 많다.

연료는 거의 다 떨어져 가는데 고속도로에서 속도를 올려 제한속도 이상으로 달리는 자동차와 같은 선수가 적지 않다. 이런 상태에서 만족스러운 경기력을 발휘할 수 없는 건 당연한 일이다.

이제 중요한 것은 정신력 에너지를 어떻게 보충하느냐이다. 정신력 에너지의 근본은 '휴식'과 '절제'이다. 이 두 가지를 보충하여 에너지를 항상 최고 수준으로 끌어올려, 마음속 연료 탱크에 정신력 에너지를 가득 채우게 되면 뛰어난 경기력을 발휘할 수 있게 된다.

표1~3은 로허 박사가 스피드 스케이팅 올림픽 금메달리스트인 댄 잰슨 선수에게 준 진단지다. 잰슨 선수는 1994년 열린 릴레함메르 동계 올림픽 스피드 스케이팅 1000m에서 당당하게 금메달을 목에 걸었다.

이 선수는 올림픽에 총 4번 출전한 경험이 있다. 하지만 앞선 3번의 올림픽에서 번번이 메달을 놓친 불운의 챔피언이었다. 4번의 올림픽에 출전하기 전에 발표된 세계 랭킹에선 항상 1위를 차지했었기 때문이다.

특히 상징적인 대회는 1998년 캘거리 동계 올림픽이다. 그는 500m 결승에서 넘어져 메달을 따지 못했다. 잰슨 선수가 넘어진 이유는 무엇일까?

사실 그는 경기 당일 날 아침 사랑하는 누나가 백혈병으로 사망했다는 비보를 들었다. 그리고 다음 날 열린 1000m 결승에서 또다시 넘어지고 말았다.

실의에 빠져있던 댄슨 선수는 은퇴를 결심하고 마지막으로 1994년 릴레함메르 동계올림픽에 출전하게 된다. 올림픽이 열리기 2년 전인 1992년에 그는 로허 박사 연구실의 문을 두드렸고, 이제 곧 설명할 3장의 진단지를 하루도 빠짐없이 작성했다.

우선 표1은 의욕을 북돋아 주는 문장이다. 이 표를 복사해서 수첩 뒷면이나 책상에서 가장 눈에 잘 띄는 곳에 붙여놓자.

물론 본인의 방에도 준비해놓고 매일 3번씩 이 문장을 한 줄씩 눈으로 읽어봐도 좋다. 이것만으로도 경기에 대한 당신의 동기 수준은 확실히 상승할 것이다.

표1 의욕을 북돋아 주는 문장

- 오늘도 멋진 하루를 보내자.

- 나의 인생은 계속해서 좋아지고 있다.

- 일은 순조롭고 즐겁다.

- 매일 너무나 즐겁다.

- 행운의 여신이 나를 따라다닌다.

- 어려운 일일수록 보람이 있다.

- 곁에 좋은 동료, 친구가 있는 나는 행복한 사람이다.

- 나는 구체적으로 꿈을 향해 매진하고 있다.

- 모든 일에 감사하고 또 감사하다.

- 나에게 불가능한 일은 없다.

- 일을 잘하는 것에 감사하다.

- 어떤 상황이든 나는 미소를 잃지 않는다.

- 어떤 상황이든 나는 최선을 다한다.

- 난관에 부딪혔을 때가 바로 높이 날아오를 기회다.

- 절제하여 건강을 유지할 수 있도록 노력하자.

- 가족이 있어서 힘을 낼 수 있다.

- 나는 너무나 행복한 사람이다.

- 오늘도 최고의 하루를 보냈다. 내일이 기대된다.

표2는 행동력 체크 리스트이다. 매일 아침 일어나서 리스트의 10개의 항목을 한 줄씩 눈으로 읽고 기계적으로 8점 이상에 ○를 친다. 설령 당신은 그 질문에는 3점을 주고 싶더라도 매일 아침 8점 이상에 ○를 그리도록 한다.

그렇게 매일 1주일 동안 기계적으로 동그라미를 그리다 보면 당신이 무의식중에 실제로 8점에 해당하는 행동을 하고 있다는 사실을 깨닫게 된다.

175페이지의 표3은 활력 체크 리스트로 취침 전에 그날의 반성과 함께 체크하면 된다. 이것도 행동력 체크 리스트와 마찬가지로 매일 저녁 10가지 항목을 눈으로 읽고서 기계적으로 모두 8점 이상에 ○를 치면 된다.

표2 행동력 체크 리스트

모든 항목을 눈으로 읽고서 8점 이상에 ○를 그리시오.

◀네   아니오▶

1 아침에 알람 없이 일어날 수 있다.	0 1 2 3 4 5 6 7 8 9 10
2 행동하는 것이 나의 특기이다.	0 1 2 3 4 5 6 7 8 9 10
3 오늘도 전력을 다해 일하고, 전력을 다해서 논다.	0 1 2 3 4 5 6 7 8 9 10
4 내 발로 걸어 다니는 게 좋다.	0 1 2 3 4 5 6 7 8 9 10
5 내가 먼저 적극적으로 나서서 일할 수 있다.	0 1 2 3 4 5 6 7 8 9 10
6 약간의 스트레스 정도는 즐길 수 있다.	0 1 2 3 4 5 6 7 8 9 10
7 행동하려는 적극적인 의사가 있다.	0 1 2 3 4 5 6 7 8 9 10
8 행동하는 것이 너무 즐겁다.	0 1 2 3 4 5 6 7 8 9 10
9 오늘 반드시 가벼운 운동을 한다.	0 1 2 3 4 5 6 7 8 9 10
10 어제 잠자리에 들자마자 잠이 들었다.	0 1 2 3 4 5 6 7 8 9 10

합계 _____점

1주일 후에는 리스트의 모든 항목에 8점 이상 ○를 그릴 수 있을 정도로 활력에 넘치는 모습으로 변해있을 것이다.

행동력 체크 리스트와 활력 체크 리스트는 하루에 1장씩 사용한다. 리스트를 복사해서 여러 장을 항상 머리맡에 두도록 한다.

지금까지 7장에서 언급한 4장의 진단지(그림2, 표1~3)는 한 세트이다. 1장이라도 빠지면 효과는 절반으로 줄어든다. 4장의 진단지를 활용한다면, 당신의 정신력은 놀라울 만큼 강해질 것이다.

표3 활성 체크 리스트

20____년____월____일

모든 항목을 눈으로 읽고서 8점 이상에 ○를 그리시오.

◀네   아니오▶

1 오늘도 의욕이 넘쳤다.	0	1	2	3	4	5	6	7	8	9	10
2 오늘의 컨디션은 최상이었다.	0	1	2	3	4	5	6	7	8	9	10
3 오늘도 집중력을 유지할 수 있었다.	0	1	2	3	4	5	6	7	8	9	10
4 오늘도 모든 일을 낙관적으로 생각할 수 있었다.	0	1	2	3	4	5	6	7	8	9	10
5 오늘도 즐기면서 연습했다.	0	1	2	3	4	5	6	7	8	9	10
6 오늘도 내 시간을 즐길 수 있었다.	0	1	2	3	4	5	6	7	8	9	10
7 오늘도 스트레스를 확실히 극복할 수 있었다.	0	1	2	3	4	5	6	7	8	9	10
8 오늘도 제대로 운동할 수 있었다.	0	1	2	3	4	5	6	7	8	9	10
9 오늘도 모든 사람을 웃는 얼굴로 대할 수 있었다.	0	1	2	3	4	5	6	7	8	9	10
10 오늘도 적극적으로 행동한 하루였다.	0	1	2	3	4	5	6	7	8	9	10

합계 ____점

제8장

이완의 고수가 되자

심리기술 요인 중 회복이 왜 중요한지를 스트레스와의 관계를 통해 설명한다. 또한 필자가 매일 실천하는 방법을 통해 어떻게 하면 이완 상태가 되는지 소개한다.

심리적인 컨디션에 신경 쓰자

'회복'이 중요한 심리기술 요인이라는 점은 이미 설명한 바 있다. 잠재력을 발휘하고, 더 뛰어난 경기력을 이끌어내는 데에는 훈련만큼이나 휴식도 중요하다. 제대로 휴식을 취할 수 없다면, 스트레스와 회복 사이의 균형이 깨지고, 중요한 승부처에서 집중력을 발휘할 수 없다. 즉, 승부를 결정짓는 중요한 순간에 본래의 경기력을 제대로 발휘할 수가 없다.

신체적인 회복뿐 아니라 정신적인 회복에도 신경 써야 한다. 물론 연습이나 경기 후에 몸의 피로를 풀기 위해서 스트레칭이나 마사지를 통해 신체를 관리를 하는 것도 중요하다.

정신적인 피로에 무관심한 선수들은 아무리 훌륭한 재능을 타고났어도 높은 경기력을 유지할 수 없다. 다시 말해, 스포츠 선수라면 신체적인 회복뿐만 아니라 정신적인 회복에도 힘써야 한다는 의미다.

실제로 세계 정상급 선수는 육체와 정신 모두 소홀함 없이 단련하고 관리하려 애쓴다. 이렇게 양쪽 모두 세심하게 신경 쓰는 모습이 왜 최고의 선수인지를 말해준다.

정신적인 스트레스가 꼭 경기와 관련된 것만은 아니다. 수면 시간이나 수면의 질, 학교나 회사에서 생기는 인간관계 등도 스트레스가 되어 경기 중 집중력 발휘에 커다란 영향을 미친다.

스트레스와 회복 사이의 균형이 중요하다

로허 박사는 자신의 저서에서 "눈부신 성공을 거둔 테니스 선수를 철저하게 연구한 결과, 항상 이기는 선수와 항상 지는 선수를 결정하는 중요한 요소가 회복 기술이라는 것이 밝혀졌다."라고 말했다.

로허 박사는 훈련과 마찬가지로 매일 회복에도 힘써야 한다고 강조한다. 만일 당신이 슬럼프에 빠졌다면 경기 자체에 원인이 있는 것이 아니라 회복에 문제가 있을 가능성이 있다.

또는 경기와 관련 없는 평소 시간을 어떻게 보내는지를 확인해봐야 한다. 물론 학교나 직장생활에서 생기는 대인관계 문제나 가족·연인·친구와의 갈등도 경기력에 큰 영향을 미친다.

경기로 인한 스트레스로 선수의 에너지가 소진된다. 그렇다면 소진된 만큼 회복을 통해서 에너지를 충전해야만 한다. 로허 박사가 추천하는 구체적인 회복 방법을 그림1에 제시했다. 표1처럼 스트레스와 회복 사이에서 균형을 잡아야 한다.

만약 당신이 경기를 즐기지 못한다면 보통 그 원인은 경기나 훈련 이외의 시간을 보내는 방법에 있을 가능성이 크다.

이럴 때 코치, 가족, 친구처럼 이야기를 들어줄 상대가 있는 선수는 행복하다고 할 수 있다. 당신의 주변 사람들에게 고민을 털어놓는 것만으로 스트레스가 해소되는 경우도 많다. 이런 것도 일종의 '회복'이라고 볼 수 있을 것이다.

스트레스와 회복의 관계를 이해하고 훈련이나 그 밖의 스트레스 회복을 위해 노력한다면, 당신의 스트레스는 이미 해소되어 중요한 실전에서 집중력을 높여 최고 수준의 경기력을 발휘할 수 있을 것이다.

그림1 스트레스와 회복에 대한 구체적인 대책 목록

스트레스 요소

1 연습량
2 경기 횟수
3 이동
4 육체적인 컨디션
5 코치
6 학교생활
7 교우관계
8 가정생활
9 연애관계
10 건강상태

회복 요소

1 수면시간
2 수면의 질
3 휴식과 여가시간의 양
4 휴식과 여가의 내용
5 오락
6 자유시간
7 식사 횟수
8 건강한 식사
9 선잠
10 평온을 찾기 위한 활동
   (명상, 호흡법, 요가 등)

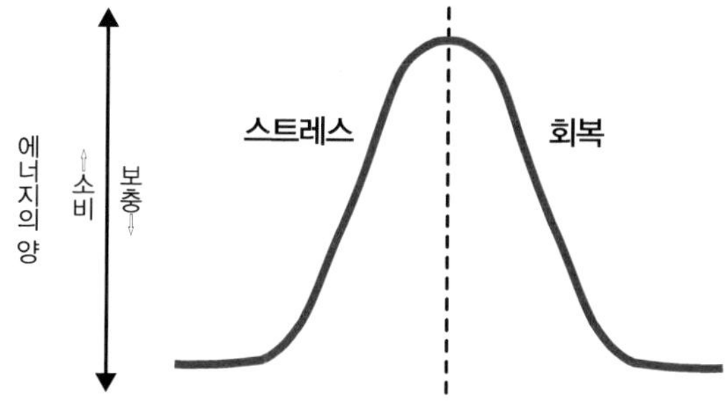

스트레스와 회복의 요소를 이해하자

　선수들 마음속에는 집중을 방해하는 여러 요인이 뒤섞여 있다. 하지만 이런 요인은 좀처럼 제거하기가 어렵고, 지나치게 의식하면 점점 마음속에서 자리를 잡아 사태는 나쁜 방향으로 흘러간다.

　그렇다면 스트레스를 주는 요소 대신에 회복하는 요소에 의식을 집중해 보자. 조금 과장해서 말하면, 이 방법이 높은 수준의 집중력을 유지하는 거의 유일한 길이라고 할 수 있다.

　실제 경기에서 선수의 운동 수행에 악영향을 주는 스트레스 요인은 생각보다 많다. 그렇기 때문에 회복을 돕는 요소를 의식하여 정신력 에너지를 높이는 일이 중요하다.

　표1과 표2에는 각각 스트레스 요소, 회복 요소 3종류의 예시가 나와 있다. 3종류의 스트레스 요소 즉, 육체적·정신적·감정적 스트레스와 회복 요소를 이해하여 스트레스 해소를 위해 노력한다면, 집중력은 향상된다.

　스트레스와 회복은 예금통장과도 같다. 스트레스를 주는 요소가 늘어나는 것은 계좌에서 예금을 인출하는 행위이고, 회복을 실현하는 요소는 계좌에 돈을 입금하는 행위이다. 계좌 잔액보다 많은 금액을 인출하는 것은 불가능하다.

　하지만 경기력이 올라오지 않아 기량을 제대로 펼치지 못하는 선수들은 공통적으로 입금에 해당하는 회복에 무관심하다.

　185페이지의 표3은 정신적인 회복 정도를 점수화한 진단지로, 로허 박사의 이론을 바탕으로 수정한 것이다. 이 회복 진단지를 복사하여 매일 취침 전에 그날 하루의 회복량을 확인해보자.

　9개 항목 중 가장 가까운 숫자에 ○를 그려 합산한 점수로 회복량을 판단한다. 이렇게 파악한 회복 수준을 기준으로 정신적인 면이 잘 관리되고 있

표1 3종류의 스트레스 예

육체적 스트레스	정신적 스트레스	감정적 스트레스
· 달리다	· 생각한다	· 분노를 느낀다
· (공을) 치다	· 집중한다	· 불안을 느낀다
· 점프	· 하나의 대상에	· 슬픔을 느낀다
· 웨이트리프팅	집중한다	· 우울을 느낀다
· 걷는다	· 시각화	· 부정적으로 느낀다
· 신체를 움직인다	· 상상하다	· 초조감을 느낀다
	· 분석하다	

표2 3종류의 회복 예

육체적 회복	정신적 회복	감정적 회복
· 신체의 안정을 느낀다	· 정신적인 안정을 느낀다	· 안도감을 느낀다
· 먹는다	· 안정감이 커진다	· 긍정적인 기분이 된다
· 마신다	· 정신적으로 평온하다	· 공포와 분노를 줄인다
· 잔다	· 공상을 늘린다	· 기쁨과 즐거움을 늘린다
· 심박수를 안정화한다	· 집중을 줄인다	· 안전감과 안녕감을 높인다
· 호흡을 안정화한다	· 창조력을 높인다	· 자존감을 높인다

출전: 『The New Toughness Training for Sports』(Dutton Adult 발행)

느지를 판단한다. 이와 동시에 신체적인 면에도 충분히 신경 써야 한다.

이 회복 진단지를 매일 사용하는 습관이 생기면, 아무리 스트레스를 일으키는 요소가 갖고 있어도 당신은 집중력을 발휘하여 실전 무대에서 훌륭한 경기력을 선보일 수 있다.

슬럼프에 빠졌을 때, 본인의 실력에 의문을 품어서는 안 된다. 자신의 실력을 믿고, 스트레스가 실력을 발휘하는 데 악영향을 미친다는 사실을 자각하여 회복을 위해 노력해야 한다. 이런 발상을 통해 실전에서 집중력을 유지하여 뛰어난 경기력을 발휘할 수 있는 것이다.

표3 회복 진단지

20___년___월___일

각 항목에서 그날 생활과 가장 가까운 숫자에 ○를 그리시오.

1 수면 시간
　　　·8시간 이상…5　　·7〜8시간…10　　·6〜7시간…5　　·6시간 미만…3

2 기상 · 취침 습관　　항상 정해진 시간에 일어난다
　　　·네…5　　·아니오…0

3 활동적인 휴식시간
　　　본인 종목 이외의 운동(다른 구기 종목, 걷기, 수영)을 즐기는 시간
　　　·1시간 이상…5　　·30분〜1시간…2　　·30분 미만…1

4 수동적인 휴식 시간　　독서, 영화감상, TV 보기, 음악 감상 같은 휴식에 쓰는 시간
　　　·1시간 이상…5　　·30분〜1시간…2　　·30분 미만…1

5 마음의 안정을 위한 활동 시간
　　　·1시간 이상…5　　·30분〜1시간…2　　·30분 미만…1

6 식사 횟수
　　　·3회…5　　·2회…3　　·1회…1

7 식생활의 건강도　　가볍고 신선하고 저지방에 탄수화물이 중심이 된 식사를 하는가
　　　·매 끼니 그렇게 먹는다…5　　·거의 그렇게 먹는다…2　　·그렇지 않다…1

8 오늘 하루는 즐거웠는가
　　　·즐거웠다…5　　·즐겁지 않았다…2

2 개인적인 자유시간
　　　·1시간 이상…5　　·1시간 미만…2

하루의 회복량 합계
점

(50점 만점)

레벨 A	40점 이상	당신의 회복량은 최고 수준입니다.
레벨 B	35〜39점	당신의 회복량은 뛰어난 수준입니다.
레벨 C	30〜34점	당신의 회복량은 평균 수준입니다.
레벨 D	25〜29점	당신의 회복량은 다소 부족한 수준입니다.
레벨 E	24점 이하	당신의 회복량은 상당히 부족한 상태입니다.

호흡을 자유자재로 조절하는 방법을 배우자

우리는 태어나서 죽을 때까지 약 6000만 번 호흡한다. 하지만 안타깝게도 선수들 대부분은 호흡법에 큰 관심이 없다. 이 책에서 소개하는 이미지 트레이닝과 복식호흡을 병행한다면 효율적으로 언제 어디서나 머릿속으로 연습할 수 있다.

내가 이너 트레이닝이라 부르는 마음 훈련에 호흡 조절은 필수이다. 우선, 당신이 무의식적으로 하는 호흡의 리듬을 파악하자. 스톱워치를 준비하여 숨을 들이마시기 시작해서 다 내뱉을 때까지 걸리는 평균 시간을 측정해 본다. 실행방법은 간단하다. 숨을 들이마시기 시작할 때 스톱워치를 눌러 시간을 재기 시작한다. 그리고 숨을 다 내뱉었을 때 스톱워치를 누르고 소요 시간을 메모한다. 5번 반복한 후에 계산한 평균 시간이 당신의 평소 호흡 시간이다.

1회 _____초   평균 _____초

2회 _____초

3회 _____초

4회 _____초

5회 _____초

이번에는 복식호흡을 배워볼 차례다. 오른쪽 있는 그림처럼 편안하게 소파에 앉아, 왼손을 배꼽 부근에 올려놓고 배의 움직임을 느끼면서 우선은 4초간 숨을 크게 들이마신다. 그리고 6초간 숨을 내뱉는다. 이 리듬을 생각하면서 느긋한 기분으로 호흡한다. 이때, 배가 크게 부풀었다가 꺼지는 느낌을 의식하자.

평화로운 호수의 수면을 떠올리며 복식호흡을 해보길 추천한다. 처음에는 좋아하는 풍경 사진을 찾아보면서 복식호흡을 한다. 익숙해지면 눈을 감고 상상하면서 느리게 호흡한다.

검도의 본질을 나타내는 말 중에 수월(水月)의 경지가 있다.

"비치려 한 것은 달이 아니고 비추려 한 것 역시 물이 아니나 히로사와 연못의 수면 위에 아름답게 떠 있구나"

무로마치(室町) 시대의 검객인 쓰카하라 보쿠덴(塚原卜伝)이 지은 것으로 알려진 시로 수월의 경지는 바로 이 시에서 나온 가르침이다.

시의 의미를 나름대로 해석해보면 '달과 물은 서로를 비추려 한 것이 아니며, 그저 무심히 서로를 바라봤을 뿐이다. 마음을 거울처럼 만들면 의식이 끼어들 틈 없이 뜻하는 바가 이루어진다.'라고 할 수 있다. 이 시는 우리에게 무심, 무욕의 중요성을 이해하기 쉽게 가르쳐 준다.

이기고 싶다는 생각만으로도 마음의 표현에 잔물결이 일어, 달을 비출 수가 없다. 즉, 아무리 실력을 갈고 닦아도 정작 중요한 마음이라는 수면은 감정의 폭풍우로 인해 쉽게 물결치고 만다.

올바른 복식호흡을 체득한다면, 당신은 의외로 쉽게 수월의 경지에 도달하여 잠재력을 유감없이 발휘할 수 있을 것이다.

제9장

일지를 작성하는 습관을 들이자

매일 자신의 감정과 생각을 정리해 객관적으로 바라볼 수 있다면, 분명 집중력은 향상되고 성공에 한걸음 가까이 다가갈 수 있다. 이 책의 마지막 장에선 당신을 성공으로 이끌어 줄 멘탈 성공 노트의 작성법을 소개한다.

노트를 활용하여 나 자신과 마주하자

지금까지 수많은 프로 스포츠 선수의 멘탈 지도를 담당하면서 표1의 자신과의 대화 노트를 자주 사용했다.

일본을 대표하는 미드필더 나카무라 슌스케 선수는 고교 시절부터 '축구 노트'를 작성해왔다. 또, 작성한 노트를 반복해서 읽으며 본인의 문제점을 철저히 찾아내 해결했다.

나카무라 선수는 축구 노트에 대해 이렇게 말한다.

"글을 쓰나 보면 나의 감정이나 생각이 정리된다. 그걸 반복하면서 사연스레 자신을 객관적으로 바라볼 수 있게 되었다. 노트를 쓰면 마음이 차분해지는 데다, 지금까지 내가 걸어온 길이 적혀있기 때문에 시간이 지난 뒤 다시 읽어 보면 여러 가지를 재발견할 수 있다." (『감지력』 겐토샤 발행)

별생각 없이 그저 연습만 해서는 실력 발전을 기대할 수 없다. 자신이 했던 일 또는 그 당시에 생각했던 내용을 어떤 형태로든 남겨두는 것, 그리고 가끔 되돌아보면서 자신이 가야 할 방향을 다시 확인하는 행동이 집중력을 높여 효율적으로 연습하는 데 도움이 된다.

자신과의 대화 노트는 "지금 가장 손에 넣고 싶은 것은?", "원하는 것을 얻기 위해서 해결해야만 하는 일은?", "최근에 경험한 최고의 경기는?", "지금 당신의 가장 큰 고민은?" 같은 질문에 대한 본인의 생각을 적으면 된다.

"지금 가장 손에 넣고 싶은 것은?", "원하는 것을 얻기 위해서 해결해야만 하는 일은?"이란 질문란에는 경기 종목과 직접 관련된 내용을 적는다.

그리고 "지금 당신의 가장 큰 고민은?"이란 질문란에는 "컨디션 관리가 부족하다" 같이 경기와 관련된 내용이라면 일상적인 내용을 적어도 상관없다.

우리는 의외로 진정한 내 모습을 잘 모른다. 노트에 메모나 일기를 남기

표1 자신과의 대화 노트

자신과의 대화 노트　　　　　　　　20＿＿년＿＿월＿＿일

1 운동선수로서 지금 가장 손에 넣고 싶은 것은 무엇입니까?

_____
_____
_____
_____

2 원하는 것을 손에 넣기 위해 해결해야만 하는 일은 무엇입니까?

_____
_____
_____
_____

3 최근 경험한 최고의 경기 장면을 떠올리며 당시의 심리상태를 적어주세요.

_____
_____
_____
_____

4 운동선수로서 지금 당신의 가장 큰 고민은 무엇입니까?

_____
_____
_____
_____

고, 어느 정도 시간이 지난 뒤에 적은 내용을 다시 읽어 보면서 여태껏 알지 못했던 진정한 나를 발견하고서 자신을 더 깊이 이해하게 된다.

자신과의 대화 노트는 선수들에게 좋은 반응을 얻었고, 어떤 선수는 현실 인식과 정말 마음 깊은 속에서 우러나는 감정은 다르더라는 감상을 들려주기도 했다.

예를 들어 "처음에는 우승이 목표였지만, 노트를 사용하면서 우승하지 못하더라도 만족스럽게 연습하는 것이 중요하다는 걸 알았다."라는 대답처럼 '자신에게 가장 중요한 것은 무엇인가?'에 대해 생각하다가 새삼 본인의 진심을 깨닫기도 한다.

이 노트는 자신과 대화하기 위한 수단이기 때문에 타인에게 보여줄 필요가 전혀 없다. 서식을 복사해서 될 수 있는 한 매일 작성할 수 있도록 하자.

노트를 매개로 한 자신과의 대화를 통해 본인이 정말 바라는 것, 현재 자신이 놓인 상황 등을 냉정하게 바라보면서 새로운 기분으로 목표를 달성해 나갈 수 있다.

물론 이 노트는 비즈니스용으로도 활용 가능하다. 때로는 또 하나의 자신과 대화하다 보면 평소에 안고 있던 업무적인 고민도 말끔히 해결될 수 있다.

매일 쓰는 '10분 성공 멘탈 노트'로 실력이 발전한다

　실제 훈련과 마찬가지로 멘탈 트레이닝도 매일 규칙적으로 실행한다면, 확실한 효과를 볼 수 있다. 또, 하루에 몇 시간씩 소요되는 실제 훈련과는 다르게 멘탈 트레이닝은 하루 30분이면 충분하다.

　바쁜 선수들을 위해서 개발한 10분 성공 노트는 활용법도 간단하다. 표2 의 양식에 적힌 대로 취침 전에 작성하면서 따라하면 된다.

표2 10분 성공 노트

성공 멘탈 노트

20____년 ____월 ____일   날씨 (   )

몸 상태 (   )점   정신적인 면(   )점   기술적인 면(   )점   (10점 만점)

☆**나의 목표** _____ ____년 ____월

☆**자기암시문**

동일한 문구를 5번 작은 소리로
읽으면서 손으로 써보자.
(예: 나는 매일 발전하고 있다)

① _____
② _____
③ _____
④ _____
⑤ _____

☆**복식호흡**

4초간 코로 숨을 들이마셨다가, 6초간 입으로
숨을 내쉰다. 이 때, 배에 손을 올려 배가 부
풀어 올랐다가 가라앉는 것을 확인한다. 호수
사진을 머릿속에 떠올리면서 6번(1세트) 반복
한다.

- ☐ 10세트 이상 실시했다.
- ☐ 7~9세트 이상 실시했다.
- ☐ 4~6세트 이상 실시했다.
- ☐ 1~3세트 이상 실시했다.
- ☐ 하지 않았다.

☆**이미지 트레이닝**

복식호흡을 하면서 3분 동안 기술을 수행하
는 장면을 반복해서 떠올린다.
기술에 실패하는 장면은 생각하지 않는다. 하
루에 3번 실시한다.

- ☐ 3번 실시했다.
- ☐ 2번 실시했다.
- ☐ 1번 실시했다.
- ☐ 하지 않았다.

☆**5줄 일지** (취침 전에 5줄짜리 일지를 쓴다)

_____
_____
_____
_____
_____

☆**집중력 트레이닝**   1회__분__초   2회__분__초   3회__분__초
(그리드 테스트)   4회__분__초   5회__분__초   평균 시간 분 초

우선, 날짜와 날씨를 적는다. 다음은 몸 상태, 정신적인 면, 기술적인 면을 평가해 10점 만점을 기준으로 점수를 적는다. 그리고 나의 목표란에 지금의 목표를 적는다. 가능하다면 연간 목표를 적어준다. 다음으로 자기 암시문을 5번 반복해서 적는다.

목표와 자기 암시문은 원칙적으로 매일 같은 내용을 기록하도록 한다. 그리고 복식호흡 1분을 1세트로 해서 '자투리 시간'을 확보하여 하루에 여러 번 실시한다. 189페이지에 나오는 호수 사진을 보면서 복식호흡을 실시하고, 책에서 언급한 '수월의 경지'를 체득하기 바란다. 자기 전에 하루 동안 복식호흡법을 몇 세트 했는지 양식에 기록한다.

이미지 트레이닝도 자투리 시간을 활용하여 책에서 소개한 트레이닝을 3분간 실시한다. 그리고 '집중력 트레이닝'은 그리드 테스트 (154페이지)를 몇 번 실시했는지 기록한다. 마지막으로 '5줄 일지'를 작성한다. 그날 느꼈던 바를 있는 그대로 적으면 된다.

성공 멘탈 노트의 효과가 나타나려면 1주일 정도로는 부족하다. 적어도 1개월 이상 사용해야 비로소 효과를 확인할 수 있다.

이 트레이닝은 모든 경기종목 선수가 사용할 수 있다. 물론 거친 비즈니스 현장에서 악전고투하는 비즈니스 종사자도 활용할 수 있도록 만들었다.

취침 전 10분 동안 작성하는 '멘탈 성공 노트'는 당신에게 뛰어난 경기력을 선사해줄 것이다.

라이트 훅

숏!!

드디어 해냈다!!

서포트한 보람이 있네.

으응

주요 참고도서

児玉光雄, 『上達の技術―一直線にうまくなるための極意』, サイエンスアイ新書, 2011.

児玉光雄, 『ここ一番の集中力』, 西東社, 2010.

児玉光雄, 『1日たった5分! ゴルフメンタルでもっとうまくなる』, 日東書院, 2011.

児玉光雄, 『1日5分でシングルになるゴルフメンタル』, 池田書店, 2005.

ジム・レーヤー, 『スポーツマンのためのメンタルタフネス』, 阪急コミュニケーションズ, 1997.

日本スポーツ心理学会, 『スポーツメンタルトレーニング教本』, 大修館書店, 2005.

金井壽宏, 『働くみんなのモチベーション論』NT T出版, 2006.

チャールズ・A・ガーフィールド, ハル・ジーナ・ベネット, 『ピークパフォーマンス』ベースボール・マガジン社, 1988.

ジョン・M. ホッグ, 『誰にでもできる水泳メンタルトレーニング』ベースボール・マガジン社, 2003.

日本スポーツ心理学会, 『最新スポーツ心理学 ――その軌跡と展望』大修館書店, 2004.

日本スポーツ心理学会, 『スポーツ心理学辞典』, 大修館書店, 2008.

徳永幹雄, 『教養としてのスポーツ心理学』, 大修館書店, 2005.

荒木雅信, 『これから学ぶスポーツ心理学』, 大修館書店, 2011.

ロビン・S・ビーリー, 『コーチングに役立つ 実力発揮のメンタルトレーニング』, 大修館書店, 2009.

ロバート・S・ワインバーグ, 『テニスのメンタルトレーニング』, 大修館書店, 1992.

アラン・S・ゴールドバーグ, 『スランプをぶっ飛ばせ! ――メンタルタフネスへの10ステップ』ベースボール・マガジン社, 2000.

フィル・カプラン, 『ウイダー・メンタル・コンディショニング・バイブル』森永製菓株式会社健康事業部 森永スポーツ &フィットネスリサーチセンター, 1999.

MANGA DE WAKARU MENTAL TRAINING

© 2013 Mitsuo Kodama
All rights reserved.
Original Japanese edition published by SB Creative Corp.
Korean translation copyright © 2023 by Korean Studies Information Co., Ltd.
Korean translation rights arranged with SB Creative Corp.

하루 한 권, 멘탈 트레이닝

초판 인쇄 2023년 09월 27일
초판 발행 2023년 09월 27일

지은이 고다마 미쓰오
옮긴이 정이든
발행인 채종준

출판총괄 박능원
국제업무 채보라
책임편집 구현희 · 이하은
마케팅 문선영 · 전예리
전자책 정담자리

브랜드 드루
주소 경기도 파주시 회동길 230 (문발동)
투고문의 ksibook13@kstudy.com

발행처 한국학술정보(주)
출판신고 2003년 9월 25일 제 406-2003-000012호
인쇄 북토리

ISBN 979-11-6983-675-3 04400
       979-11-6983-178-9 (세트)

드루는 한국학술정보(주)의 지식 · 교양도서 출판 브랜드입니다.
세상의 모든 지식을 두루두루 모아 독자에게 내보인다는 뜻을 담았습니다.
지적인 호기심을 해결하고 생각에 깊이를 더할 수 있도록, 보다 가치 있는 책을 만들고자 합니다.